SNAKES SUNRISES AND SHAKESPEARE

How Evolution Shapes Our Loves and Fears

蛇、日出与莎士比亚

演化如何塑造我们的爱与恐惧

[美]戈登·H.奥利恩斯 —————— 著   王怡康 —————— 译

重庆出版集团 重庆出版社

思想者 004 三桅帆

版贸核渝字（2019）第 111 号

图书在版编目（CIP）数据

蛇、日出与莎士比亚：演化如何塑造我们的爱与恐
惧／（美）戈登·H. 奥利恩斯著；王怡康译． -- 重庆：
重庆出版社，2022.4
ISBN 978-7-229-16131-6

Ⅰ．①蛇… Ⅱ．①戈… ②王… Ⅲ．①人类学－研究
Ⅳ．① Q98

中国版本图书馆 CIP 数据核字（2021）第 217519 号

蛇、日出与莎士比亚：演化如何塑造我们的爱与恐惧
SHE RICHU YU SHASHIBIYA:
YANHUA RUHE SUZAO WOMEN DE AI YU KONGJU
[美] 戈登·H. 奥利恩斯 著 王怡康 译

选题策划：刘 嘉 李 子
责任编辑：李 子
责任校对：刘小燕
封面设计：与书工作室
版式设计：侯 建

重庆出版集团
重庆出版社 出版
重庆市南岸区南滨路 162 号 1 幢 邮政编码：400061 http://www.cqph.com
重庆市国丰印务有限责任公司印刷
重庆出版集团图书发行有限公司发行
E—MAIL:fxchu@cqph.com 邮购电话：023—61520646
全国新华书店经销

开本：890 mm×1240 mm 1/32 印张：8.75 字数：248 千
2022 年 4 月第 1 版 2022 年 4 月第 1 次印刷
ISBN 978-7-229-16131-6
定价：69.80 元

如有印装质量问题，请向本集团图书发行有限公司调换：023—61520678

版权所有 侵权必究

目 录
CONTENTS

第一章
吹口哨采蜜

人类从何时起嗜好甜食？我们又为何渴望甜食呢？

像往常一样，要回答这两个问题，就要追溯到我们的远祖时期以及他们对野蜂蜜的渴望。这又会引导我们想到其他问题，即与自然界引发人类内在情绪相关的问题，如渴望与嫌恶，欢快与恐惧，以及这些情绪是如何对我们生活的诸多方面产生影响的。

但我们要讲述的故事从这里开始，让我们追随非洲某地一位渴望蜂蜜的史前采猎者的步伐去一探究竟吧！

在人类知晓如何从植物如甘蔗和甜菜中炼糖之前，我们必须借鉴那些善于将花蜜浓缩制成优质食物的生物，如蜜蜂。至少在两万年前，我们的祖先就已经掌握掏野蜂窝的方法，这在津巴布韦托福瓦纳大坝马托波山区现存的一幅古代岩石壁画中已表露无遗，岩壁上遗留的图像清楚地显示采蜜人通过扇动烟雾进入蜂巢，以平息涌出的蜂群的方式采集蜂蜜。

我们的非洲祖先一定是早已发现了蜂蜜的甜蜜诱人之处：营养丰富、美味可口以及易于消化，但蜂群在非洲热带稀树草原上十分罕见。为了找寻和开采蜂蜜，史前人类依赖于一位特殊的小伙伴，这位小伙伴在引导人类抵达蜂巢的过程中，也能获益匪浅。此种伙伴关系一直延续至今。如今，我们依然能够在几个非洲部落看到这位小伙伴，其中最为显著的是在肯尼亚东北部博兰地区。

在出发前去找寻蜂蜜之前，博兰地区的采蜜人会吹出特殊而响亮的口哨，如若他们运气好，就会收到鸟儿发出对口哨的回应。给予回应者是一种小鸟，它就是北非向蜜鸟，其拉丁学名为黑喉向蜜鸟，此学名能够体现出其对人类的价值。通过重复发出"跟我来"的叫声作为信号，向蜜鸟在将博兰采蜜人送至蜂巢的过程中，频繁在空中停留，以便于采蜜人能够跟上它的步伐。最令人惊叹的是，一旦抵达目的地，向蜜鸟就会栖息在蜜蜂筑巢的树上，并吟唱某种特殊的"向蜜"歌。当采蜜人驱散蜜蜂，从蜂巢中获取蜂蜜后，向蜜鸟依然伴随在采蜜人左右。出于感激，采蜜人总是会留下一部分蜂巢，作为对向导员——向蜜鸟的报答。与大多数的鸟类不同，向蜜鸟可以取食并消化蜂蜡。它们不仅尽情享用蜂蜡，还对蜂蜜和寄宿在蜂巢中的蜜蜂幼虫大快朵颐[1]，但向蜜鸟过于瘦小和体弱，无法自行打开蜂巢，因此，它们依赖人类助其一臂之力，正如人类依赖向蜜鸟来帮助他们找到蜂巢一样。

在许多居住于非洲热带稀树草原上的部落的神话中，此种特殊的双赢伙伴关系至关重要。无论何时，只要有所发现，我们的祖先很可能随时取食蜂蜜，以满足其口腹之欲。蜂蜜不仅是富含营养的能量来源，还是补给我们人类大脑的珍贵燃料。但非洲热带稀树草原上的蜂巢十分稀少，想要采集到足够的蜂蜜作为丰富资源来储存能量是无法实现的。

与之相比，让我们穿行在超市的货架中，数一数琳琅满目的甜食和含糖食物吧！甜食源源不断的供给使我们现代人对甜食触手可及，既沉浸在甜食带来的愉悦幸福之中，又饱受甜食的痛苦折磨。我们对甜食的喜好凌驾于一切，我们对甜食俯首称臣。对多糖甜食的渴望流淌于我们祖先的血液之中，我们自然也无法抵抗甜食的诱惑力。同时，我们也适应于自然环境，食物时而充足，时而稀缺，我们对此都已习以为常。当食物充足时，我们依赖于脂肪囤积，以应对艰难时日。如今，艰苦岁月已随烟尘远逝，取而代之的是过度肥胖。在发达国家，肥胖已变成严重的健康隐患；而在发展中国家，

---

[1] 大多数科学家怀疑向蜜鸟是否真的能够指引人们前往蜂巢，直到埃迪和雷耶的实验清楚地证明了这一点。详见埃迪和雷耶，《向蜜鸟与采蜜者：共生关系中的种间交流》，《科学》，1989（243），1343—1346 页。

肥胖也成为日益严重的问题。

事实证明，人类对糖的喜爱其实是祖先遗传给我们的特质之一。我们的祖先在应对环境挑战，如无法预知的食物来源、无处不在的掠夺者、极端的天气状况时作出的反应，塑造了现代人的情感生活，这也是本书的中心主题思想。进化心理学家告诉我们，无论何时，我们被强烈的情感因素，积极的抑或消极的情感所刺□□□行动时，这些行动极有可能具有重要的进化意义。□□□出恰当的反应决定了人类是否能够生存□□□□□代。

我们的祖先□□□□□□爱"自然界中对人类大有裨益的对象和活动，□□□□的生存概率，并将其基因传递给后代。简而言之，通□□然选择来完成进化。反之，我们的祖先也倾向于避免或"嫌恶"那些威胁和减少生存与繁衍概率的对象和活动。随着时间的推移，这些人类喜爱和嫌恶的对象和活动逐渐在人脑中根深蒂固，其结果是，我们对蜂蜜十分喜爱，却对食肉动物产生近乎一致的恐惧心理。我们之所以能够追溯这些远古的情感联结，并发现如何适应美好的事物和令人充满厌恶恐惧的事物，均得益于科学。通过聚焦于我们祖先的进化论来观察人类的行为，我们可以更好地理解人类是如何与环境进行情感相互作用的。

本书记录了我的研究成果，即试图发现在非洲热带稀树草原上，我们的远古祖先在择善而居、寻找食物、寻求安全以及在狩猎者采集者小群体中进行社交时作出的决定，是如何在人类的情感生活中打上印记的。我希望使读者们相信，这些印记不可胜数并影响深远。从此种新的理解视角解读所带来的益处，正如向蜜鸟给博兰地区人民带来的蜂蜜一样甘甜可口。

我是如何解答这些问题的

在我七岁那年，发现小鸟的世界时，我开始探寻与人类情感和美学相关的环境基础。我的家人在威斯康星州北部地区湖边租了一座小木屋。在那儿，我被看似平淡无奇的潜鸟深深吸引。很快，我开始记录所观察到的鸟儿；如今，这些记录本依然躺在我大学办公室的书架上。13 岁左右，我参加了位于密尔沃基的奥杜邦学会威斯康星分会，其中一些会员是专业的鸟类学家。有时候，据我所见——实际上，他们是带薪研究鸟类的！从那时起，我就决定要上大学，主修生物学，并成为一位专业的生物学家。我的确做到了，我成为了一位行为生态学家，因为我对鸟类，如向蜜鸟为了成功而必须作出的决定，它们是如何择善而栖、如何寻找食物以及如何决定吃食、如何挑选配偶并为繁衍后代作出努力的兴趣颇深。[1]

在青年时期，我从未质疑过鸟类对我产生的强烈吸引力，我仅仅是喜欢它们。但随着思想的逐渐成熟，当我成为一名进化生物学家时，我开始深入思考人类对自然的情感反应。和其许多学者一样，我的思想也同样受到爱德华·威尔逊于 1975 年出版的著作《生物社会学：一种新的综合视角》[2] 的启迪。通读此书后，我进而意识到，现行所研究的鸟类作出的决定，同样也支配着人类的生活。在好奇心的驱使下，我转向这些令人惊叹的研究方向，开始学习那些我知之甚少或一无所知的主题，但对这些主题的研究均是从进化论的视角开展的。

与其他大多数人一样，海浪咆哮、闪电苍穹和霹雳雷声让我深感震撼。晚暮日落的瑰丽景象和优美伸展的树枝带给我愉悦乐趣。闻到、见到腐烂的肉会让我嫌恶并退避三舍。然而，人类究竟为何会对这些事物，如对鸟儿欢快的歌声或倾泻的阳光做出情感反应？这是一个全然陌生的主题，而这正是我和我的同事很少进行深入科学探讨的。

---

[1] 我在"与鸟类一起生活"这一章节中描述了自身年轻时的经历和随后的科学生涯。

[2] 威尔逊的书对相关文献进行总结归纳，并促进了数十来行为生态学的研究。

从进化论视角解读情感

进化生物学家们，如我一样，在参加这场进化盛宴的途中已然姗姗来迟。几个世纪以来，艺术家和哲学家们通过研究人类文明和艺术作品，早已针对人类对美的情感反应作出了相应解释。他们认为，首先，为了理解我们的情感和情感生活的基本结构，我们必须考察自身对人类创造的反应。采用进化的术语来解释我们的情感反应，会激起艺术家和自然爱好者们的愤懑之情。在19世纪，艾萨克·牛顿对彩虹的形成进行了解析，揭开了彩虹成因之谜。约翰·济慈曾因牛顿这一举措深感绝望而万念俱灰，认为牛顿永久性地玷污了彩虹的瑰丽景象和神秘面纱。在其所作《拉米娜》（1820）一诗中，约翰·济慈抱怨道，牛顿通过拆解的方式让彩虹的琉璃光影毁于一旦。无论是在当时抑或在现代，哪怕直至如今，大多数人依然对情感的解读怀有抵触情绪。他们始终相信，解读情感会摧毁他们内心固有的、对大千世界纷繁奇迹的向往。这种对情感解读的抵触情绪无处不在且深入人心，以至于理查德·道金斯（英国著名演化生物学家、动物行为学家和科普作家）在所作《解析彩虹——科学、虚妄和玄妙的诱惑》（书名引用济慈诗中的一句诗行）一书中，纠正了这一错误的观念。

尽管知晓彩虹产生的物理过程，科学家们依然对彩虹如梦似幻的瑰丽惊叹不已，正如大多数人一样，即使了解身体亲密接触的生物功能，我们依然耽溺于其中无法自拔。然而，许多人对情感进化的观点抱有深切敌意，这是由于他们成功延续了祖先生存和繁殖的重要使命，并产生了积极的影响。因此，他们将"与哲学、艺术或常识相比，科学可能能够更好地解释我们的情感"这种观点拒之门外。

但究竟什么是情感呢？众所周知，抑或我们理所当然地认为，人类对情感知之甚多。我们知道，情感对人类的行为和思想影响深远，一些情感是令人愉悦的，而有些情感则是令人不适的；然而，正如费尔和罗素所言，"人人皆知什么是情感，直到需要给情感下定义时"。我们很难定义情感。值得庆幸的是，我们可以暂且将定义的难题搁置一旁，对情感进行直截了当的研究。在本书中，我将采用自陈报告（评定量表、问卷）和情感的生理度量法。通过检测实证的方式，加深对情感更深层次上的理解，而不是通过试图提出定义来获取结果。

要理解人类对环境的情感反应，我们要更为深入地探讨我们究竟为何会拥有情感。在接下来两章中对此种情感缘由的探讨，将为我们稍后的探讨即人类是如何通过感觉来感知环境以及我们为何对自然的情感反应如此丰富提供铺垫。我希望以此证明，以进化性分析法研究人类行为，能够为我们提供一种创造性的方式思考人类的情感生活，并为情感生活的诸多问题提供解决方案。研究我们究竟为何会产生情感和审美反应的进化性分析法，与西方学者所持有的盛行观点有着天壤之别。我们主要关心的，是所谓的"基本情感"，诸如愉悦、愤怒、恐惧、疼痛、惊讶和嫌恶。与之相比，我们却极少关注社会情感，如爱、过失、羞愧、尴尬、骄傲、羡慕和嫉妒。

在本书中，我将与诸位读者共同分享，我个人在理解人类对自然的情感反应以及科学家们如何阐释这些情感反应的艰难历程。人类的情感根源根植于非洲热带稀树草原之中，可以追溯至最初我们跟随向蜜鸟寻找并纵享蜂蜜盛宴，同时还要留心狮子可能把我们当作珍馐美味的远古时期。我们将围绕以下几个话题展开探讨，即人类对进化历史的理解是如何有助于解释我们作出情感反应的原因、为何我们作出情感反应的原因通常难以觉察，以及人脑是如何得到进化，从而作出增加人类成功生存和繁衍后代的决定的。如今，我们生活在与远古祖先迥然不同的环境中，并对复杂的环境作出情感反应，理解这些情感就显得尤为重要。同样，我还将探索人类的情感反应经验是如何既影响我们对环境的所作所为，又影响环境对我们的所作所为的。

有机体的当前特征是历经漫长历史演变的结果。依据进化过程，我们无法预期到下周、下个世纪或地质时代将会发生何种变化。对于现代人而言，这意味着某些曾适用于我们祖先的对环境的情感反应可能已不再适用于当今工业社会，比如说，我们依然沉浸于对原始社会蜘蛛和蛇的恐惧中，却对当代更为普遍的威胁视而不见，如枪支、核武器和气候变迁。从进化论视角开展具有洞悉力的研究，有助于我们识别和解释为何人类情感反应中的某些因素不再适用于环境的原因。

我对人类与环境之间相互作用的探索既充满挑战性，又使我乐在其中。我希望至少能将我的一些愉悦和兴奋传递给我的读者们，并以此证明，我们能够利用对人类情感生活根源的理解，在当代社会作出更明智的决策。而更好地理解我们自身，这本身也是一种源源不断的乐趣。[1]

---

[1] 奥里恩斯所著《栖息地选择：人类行为的一般理论和应用》一文于1980年发表于洛卡德的《人类社会行为的进化》一书中，由纽约爱思唯尔出版社出版。应邀撰写这篇文章及其产生的反响，促使我继续开展研究，最终形成此书。

第二章

非洲热带稀树草原上的魂灵

我们对周围世界给予强烈的情感反应：我们对某些对象、地点以及事件作出愉悦的反应，称赞它们美妙迷人；其他对象、地点以及事件则会引发我们的忧虑、嫌恶或恐惧，我们抱怨它们丑陋可憎。但究竟我们为何会具有这种审美感觉呢？

早在公元前 16 世纪初期，希腊的思想家们就已经对审美感觉的起源和意义提出了猜想，但直至 1750 年鲍姆嘉通所著《美学》一书得以出版后，才确立了感觉经验的科学地位，即感性科学。[1] 从人类能力的意义上来说，鲍姆嘉通提出"审美"一词，以便于区分好坏。此种关于审美感觉的观

---

[1] 鲍姆嘉通，《美学》（法兰克福：I.C. 克莱布出版社，1750）；科瓦奇，《美之哲学》（诺曼：俄克拉荷马大学出版社，1974）。

点打开了通向19世纪情感科学研究的大门，诸如查尔斯·达尔文、威廉·詹姆斯和威廉·冯特等学者均对此展开了相关研究。[1]

早在1785年，苏格兰哲学家托马斯·里德已经认识到，我们的情感之所以会发生进化，是由于人类从中受益匪浅：[2]

通过对自然赋予对象模糊属性（美的属性）的细致研究，我们也许可以发现这些对象的某些优美之处，抑或至少从对人类产生的影响中，发现对象所发挥的、某些至关重要的作用。此种对不同动物种类的本能审美感觉，可能与外在审美感觉一样有着天壤之别，且每一个物种如何顺应生活方式也不尽相同。

先于查尔斯·达尔文出版《物种起源》70年，托马斯·里德就已写下此段非凡的篇章论述。雷德提出，动物的审美感觉很可能和它们与环境的多重关系密切相关。他认为，动物和人类的情感反应之所以发生演变，是由于伴随演变，人类和动物均受益匪浅。

---

[1] 查尔斯·达尔文，《人类和动物的表情》（伦敦：约翰·O.默里出版社，1872）；詹姆斯，《什么是情感？》，《心智》，1884（9），188—205页；冯特，《心理学概论》，贾德译本（莱比锡：云杉出版社，1897）。

[2] 里德，《论人的理智能力》（爱丁堡：麦克拉克伦和斯图尔特出版社，1785）。

一代人之后，达尔文会向后代展现，在几百年的历史演变过程中，自然选择是如何发挥作用，能够产生完美契合特定任务的结构：我们用眼睛观察、用耳朵聆听、用翅膀飞翔，但具有丰富情感的人脑是否也能够以同样的方式演变进化呢？达尔文认为人脑亦复如是。在 1859 年出版的代表作相隔 13 年之后，达尔文又出版了《人类和动物的表情》。此书例证充分翔实，图解不胜枚举，并穿插丰富多样的版画，有的版画展示人类面部肌肉、毛发竖起的小狗、扮鬼脸的狒狒、阴沉的黑猩猩，也有的版画展示众多的人物形象。其中一些图像由法国生理学家杜兴·德·布伦拍摄，并收录于其 1862 年出版的《人类面部表情机制——情感表达的电生理分析》一书中。

布伦使用先前研发出用于研究控制双手肌肉的装置，试图发现产生特定面部表情的肌肉。在大量的实验中，他使用电流刺激不同测试对象的面部肌肉。与此同时，他对因肌营养不良导致面部表情丧失的同一测试对象展现出诸多面无表情的瞬间进行拍摄，而其他测试对象则试图在不求助于电子探针的情况下，激发自身的面部表情图（2.1）。

此时，达尔文正在思考人类的情感表达并形成自己的观点。着迷于杜兴拍摄的图片，达尔文陷入思考，布伦从观察他的病人中拍摄的面部表情是否具有普遍性？面部的某些肌肉运动是否总是牵引着相同的情感状态，换言之，人类情

图2.1

达尔文在 1872 年出版《人类和动物的表情》一书中摘录的杜兴·德·布伦所摄人类面部表情的部分图像。

芝加哥大学图书馆特藏研究中心提供。

感的表达是否具有普遍性？某个一闪而过的痛苦表情是否总意味着厌恶？为了找寻这些问题的答案，达尔文独自做了实验——在自家举办的宴会上对宾客进行测试：

> 幸而灵感突发而至，在不发一言的情形下，我向20多位不同年龄和不同性别的客人展示了一些布伦拍摄的最具表征性的版画，询问他们在不同情况下，认为那位老人究竟是被激发了哪种情感或情绪；与此同时，我对他们讲述的原话进行记录。（《人类和动物的表情》，第14页）

达尔文测试的第一批访客是1868年3月22日前来赴约的堂兄弟姐妹。一周后，他在伦敦举办了另一场宴会，并收集到许多自然科学家朋友们的观点反馈。达尔文发现，他的客人们能够精准地推断出照片中人物的情感状态。我们所知关于宴会的部分内容是从见证人那里得来的。

达尔文的其中一次测试是在哈佛大学植物学家亚萨·格雷前来拜访时进行的。亚萨·格雷的妻子简·格雷在写给她姐姐的信中，生动描述了此次晚宴实验是多么有趣以及客人们在晚宴结束后返回家中，是如何在镜子前练习做鬼脸的。

19世纪众多的思想家将目光聚焦于人类情感这一搁置已久的问题，达尔文也无法袖手旁观。古代哲学家处心积虑，绞尽脑汁想要知道究竟什么是情感。随着现代心理学崭露头角和机器时代的来临，科学家可以随心所欲地支配越来越多的技术和科技。他们可以要求受试对象完成形容词检核表、等级量表和问卷，或简洁地要求受试对象描述自身的感觉。思想家们利用仪器，测量心率、呼吸、皮肤电传导、肌肉紧张和血压。[1]

然而在这些研究中，唯独引起达尔文关注的是从进化论视角审视人类情感。从此种视角观察，情感并非是神圣的造物主赐予人类的礼物，而是人类的动物祖先留给我们的遗产。甚至可以说，正如自然选择塑造了人类祖先的大脑和肌体一般，进化亦塑造了人类的情感。达尔文声称，如若想要了解情感可能的进化路径，我们可以通过观察人类自身和其他动物，比如宠物猫狗或当地动物园中的猩猩，进一步形成设想：

毋庸置疑，只要将人类和其他动物视作独立的创造物，就可以最大限度地有效阻止我们探索人类情感表达的动因……人类的某些情感表达，诸如在极度恐惧的影响下毛发竖立抑或是处在勃然大怒的情绪中龇牙咧嘴，几乎是难以理解的，除非我们相信，人类曾在更为艰难恶劣、类似动物性

---

[1]　更为精确的总结，参见卡乔波、塔斯纳里和福里德伦德合著文章《骨骼运动系统》，摘自卡乔波、塔斯纳里合编《心理学原理：物理、社会和推理要素》（剑桥：剑桥大学出版社，1990）。

的环境中生存过……那些站在大众立场上，承认所有动物的结构和习性都处于逐渐进化过程中的人，将会用崭新有趣的眼光看待人类情感表达这一话题。

正如在此段论证中所言，达尔文得出结论，我们的情感以及情感表达的方式具有深刻的进化论根源。事实上，他对于人类情感斩钉截铁的断言是如此显而易见，以至于在其著作最后一段中，他陈述道，"但就我的论断而言，此种断言实属多此一举"。如今，在论证严谨的科学家中，无人质疑达尔文的结论。

情感的进化论根源

达尔文的进化论视角表明，我们应该致力于寻找人类特定情感和行为依赖的方式，这些方式很可能曾帮助人类祖先生存和繁衍后代。[1] 比如说，显而易见的是，那些享受两性亲密行为的人类祖先会遗传更多影响后代选择的基因副本，而那些抵触两性亲密行为的人类祖先则不会遗传如此多的基

---

[1] 更为精确的总结，参见科斯米德斯和图比合著文章，《进化心理学和情感》，摘自路易斯和哈维兰－琼斯合编《情感手册》第2版（纽约：吉尔福德出版社，2000年），91—115。

因副本，因而他们也疲于外出寻找配偶。按照同样的逻辑，与那些被吸引并定居于恶劣环境中的个体相比，被吸引并因此定居于资源丰沛（洞穴、水、猎物的肉）的安全环境中的个体应该会繁衍出更多的后代，这些个体繁衍的后代会遗传影响后代选择的基因副本。

　　基于以上论证，从进化论视角研究审美表明，美与丑并非是对象的内在属性。与之相反，美与丑起因于对象特征与人类神经系统之间的相互作用。从此种观点来看，如果对美的对象作出积极反应，我们的生活将得到极大改善——增加人类生存的可能性、赢得配偶芳心并繁衍后代。[1] 而丑的对象，则会对我们的生活横插一脚或对生活的某些方面产生阻碍。换言之，我们应该通过提出"美和丑能实现何种目标"这一问题来看待人类对美和丑的反应。如若提出"这些情感反应究竟如何帮助人类祖先解决问题的"这个问题，我们就能够在理解情感和审美反应的过程中取得更大的进展。

从大草原到操场

　　在 2010 年 5 月的一个清晨，我发现自己孑然一身站在

---

[1]　阿普尔顿，《景观体验》（纽约：威利出版社，1975）。

蒙大拿州东部风声凛冽的大草原上，观察一群叉角羚的生活轨迹。我尽可能悄无声息地靠近羚羊群，但并非全然悄无声息。突然间，一只羚羊觉察到了我的存在，刹那间，所有的羚羊均奔跃而散。仅仅几秒钟的工夫，羊群已然跑出数英里之远，几乎销声匿迹，不见踪影。叉角羚是北美洲奔跑速度最快的陆地哺乳动物，能够维持以每小时 59 至 65 英里的速度连续奔跑数分钟。实际上，叉角羚的奔跑速度是如此迅速，以至于除了熊、郊狼或狼之外，周围任何捕食者都无法逮住它们。通过观察这些叉角羚，充满好奇的进化生物学家可能会提出这个问题：如果叉角羚奔跑的速度能够赶超每一个捕食者的奔跑速度，为何它们依然继续在大草原上纵横奔驰，消耗巨大的能量？抑或，按照求知欲旺盛的孩子的话说，如果没有其他物种能捉住叉角羚，它们为何跑得如此之快呢？

这个问题的答案正是理解本书一个重要主题的关键点所在：只有通过在人脑中重现叉角羚过去的生存环境以及影响其反应的推动力，我们才能理解当代动物的行为。美国叉角羚惊人的速度很可能是北美猎豹选择性的遗传。这些北美猎豹曾在冰川时期的末期灭绝踪迹。[1] 与叉角羚共同进化的猎豹动作敏捷，却早已销声匿迹，但叉角羚依然威风赫赫，速

---

[1] 拜尔斯，《美国叉角羚：社会适应与远古掠食者的幽灵》（芝加哥：芝加哥大学出版社，1997 年）。

度不减。如若在对叉角羚过去生存环境一无所知的情形下，试图解释其令人难以置信的奔跑速度和持久力，毋庸置疑，我的解释一定会出现偏差。

我们可以运用同样的逻辑来解释人类对环境的反应。直到近 10 万年前，人类居住于非洲稀树草原的小部落群体中。迁移出非洲后，他们依然选择小部落群体的居住方式，并寻求相似的环境生存。在久远的生存环境中，人类祖先对事件的反应塑造了人类的本性。由此，我们可以得出结论：如若我们首先了解人类祖先做了何事、为何如此做事以及如此行为造成的结果，我们就能够更好地理解我们究竟是谁以及我们对现存环境的情感反应，实际上，更好地理解人类最基本的情感。

比如说，想想在课间休息时，在操场上玩耍的孩子们吧。仔细观察，留心孩子们的目标是什么——哪些孩子发起了躲避球游戏或追拍游戏，哪些孩子想要荡秋千以及哪些孩子立即开始攀爬，哪些孩子是首批登上攀爬架的？如若得知女孩子们冲在前面，你会不会大吃一惊呢？

如今，我们称此类器械为场地游乐设施或儿童游乐设备，但在更早的年代，操场上的攀登设备被称为儿童攀爬架或"猴杆"，通常由金属管制作而成，儿童可以双手交互使用，挂在上面用膝盖摇晃或摇摆，类似猿或猴子的动作行为。顾名思义，"猴杆"为我们揭开了"与男孩子相比，女孩子为何攀爬的倾向更为明显"的谜题。结果显示，是远古我们灵长类动物祖先遗传下来的环境因素使然。我们的祖先是类人猿，而不是猴子，因此，理所当然地，单杠应该被称为"猿杆"而非"猴杆"，但你抓住重点啦。

人类从树上攀爬而下，采用两足动物的生活方式，并充分利用此种生活方式带来的便利。然而，原始人类祖先中的女性群体从未丧失攀爬树木的能力。与男性群体相比，女性群体更为轻盈机敏，但同时也更矮小脆弱，更易置身险境，受到热带稀树草原上捕食者的威胁。树木为女性群体提供了躲避大型食肉动物的唯一庇护所。我们的女性祖先不仅仅是为了躲避捕食者而攀爬，采集水果和坚果并充分利用茵茵树荫来纳凉也是攀爬的必要诱因；因而，攀爬更适应于女性，对男性来说则不然。最终，按照论断，男性对攀爬通常望而却步，而柔弱的女性则对攀爬怀有经久不衰的浓厚兴趣。

我们有何论据能证明这则故事的真实性呢？首先，女孩子确实比男孩子攀爬得多。女孩子比男孩子攀爬得更为频繁。此种频繁的定期攀爬通常发生在小学操场上，且她们很少会在攀爬过程中跌下来。与男孩子相比，女孩子似乎更适应攀爬。与男性相比，女性的足部运动范围更为广泛，这使得她们能够四肢并用，紧紧抓牢树枝。男性的双脚形态表明，原始人类祖先中的男性群体很少涉足攀爬活动。[1]

　　还有一系列的论据可供借鉴：多数热带稀树草原上的灵长类动物都在树上栖息，我们的祖先也居树而息。如若女性比男性更倾向于居树而息，她们应该对树下伺机而动的捕食者发动的攻击尤其警醒。另一方面，睡在地面上的男性应该对旁路攻击更为留意。夜幕降临时，三四岁的男孩子和女孩子都同样呈现出恐惧的情绪，但男孩子更惧怕侧边的危险即壁橱里的怪兽，而女孩子则更惧怕下面的危险即床下的怪兽。[2]

　　课间休息时，我们观察到，女孩子们轻松惬意地在猴杆上摇晃，我们从中是否能够看到来自远古生存环境中人类祖先的魂灵呢？我认为事实就是如此，但我得出这个关于人类情感的观点并非一蹴而就，而是逐渐形成的。我在美国中东一个新教家庭长大，家庭教育教会我在寻求解释时诉诸精神支柱，而非进化的力量。直到成为一名生物学家，思想逐渐成熟后，我的思维模式才开始转向进化论视角。我发现，来

---

[1] 科斯和查尔斯，《进化假说在心理学研究中的作用：直觉、供给和遗留性别差异》，《生态心理学》，16（2004），199—236 页；科斯和戈德思韦特，《感知持久性的久远研究》，汤普森编《行为设计学》第 11 卷（纽约：普莱南出版社，1995），83—148 页；萨斯曼、斯特恩和容格斯，《原始人类哈达尔人中的树栖物种和两足物种》，《灵长类动物学》，43（1984），113—56 页。

[2] 科斯和戈德思韦特，《感知持久性的久远研究》，汤普森编《行为设计学》第 11 卷（纽约：普莱南出版社，1995），83—148 页。

自远古生存环境中的魂灵，比如说在大草原上奔跑的叉角羚的迅猛速度，可能根植于我内心深处的原因，并进一步塑造我对现实的诸多建构。此种说法似乎十分新颖，对非洲热带稀树草原上远古人类的生活进行深入研究，是探讨当代人类情感和 21 世纪生活方式不可或缺的根本保障。因此，让我们踏上追寻远古时代之旅，更细致地观察人类祖先在五万年前的生活痕迹吧！

在热带稀树草原上生存

现今我们所生存的社会环境存在的时间极为短暂。直到三万五千年前，人类还过着狩猎采集者的小群体生活。人类进化的下一个里程碑——对禾谷类作物和牲畜的培育和驯养，仅仅发生在一万年前左右。工业革命在过去两个世纪里尚且处于方兴未艾的状态。在十代之内，我们才真正实现现代化。因此，支撑人类狩猎采集者祖先在非洲平原上生存的行为反应，直到近代才开始对我们现代人产生影响并有所裨益。

撇开繁衍后代和维持健康不谈，想要在非洲热带稀树草原上存活，人类祖先需要掌握多种技能。在日常寻找争夺食物的过程中，我们的祖先需要跨越平原、侦察地形、了解并制作诸如网和矛之类的工具、估测距离、躲避哺乳类动物捕食者和嘶嘶作响的毒蛇、鉴别可食用的植物并捕获动物。在进食的过程中，人类祖先需要避免引发疾病的生物体，力图实现均衡膳食。依靠实践摸索经验，他们需要作出抉择，究竟哪种觅食能够补偿他们消耗的能量，有所回馈，哪种觅食会让他们无功而返。人类祖先需要学会挑选具有高繁殖价值的配偶，并能够在避免近亲通婚的情况下，成功求爱获取配偶的青睐。在追求配偶的过程中，大获全胜的男人必须对配偶进行保护，以防她们被其他的男性追求者骗取芳心。父母需要对孩童惊恐的哭声多加留意，当孩童需要帮助时，父母能够及时觉察，并在内心驱动下伸出援手。在群体中生活意味着，人类祖先必须能够精确判断纷繁的社会形势、识别不同面孔和诸多情感、向亲属解囊相助、阻止外人侵犯、维持友谊、并肩协作，并在诸多活动中有效权衡利弊。[1]

这些活动中的某些行为，诸如当孩童需要帮助时能够及时察觉以及精确判断纷繁的社会形势，如今依然发挥着至关重要的作用。其他行为诸如鉴别野生可食用性植物、躲避毒蛇和危险的哺乳动物，在当代都市社会中，其价值所剩无几。再有些其他行为，诸如维持营养、均衡膳食的能力，即便依

---

[1]　精确的总结，参见图比和科斯米德斯，《文化的心理学基础》，巴尔科、康斯曼德斯和图比编《适应心理：进化心理学和文化产生》（纽约：牛津大学出版社，1992 年），19—136 页。

然为人类所需，在当代社会却处于不断消减的状态。

我们可以将远古时期人类狩猎采集者祖先的诸多生存技能分为以下五种类别：（1）寻求庇护，找到居住场所；（2）保障安全，保护自身免受恶劣天气、危险动物或人之害，避免受伤或死亡；（3）维持营养，获取充分数量的食物，并保证食物的质量；（4）结交朋友，选择良善伙伴；（5）实现满足，此目标对其他四种类别起到明显的支撑作用。

人类狩猎采集者祖先生活的社会

160万年前，人类祖先已能够快速高效地直立行走。此种行走姿态减轻了高温胁迫和水分流失，因而当危险的食肉动物在闭目养神时，我们的祖先能够在白天长途跋涉，穿越草原。他们可以在黎明、黄昏或夜晚，到危机丛生的地方探险并寻找食物。可以说，人类狩猎采集者祖先的生活方式是与生俱来的。这些近亲组成的小群体过着半游牧式的生活，跟随季节变化而迁移，以追寻食物来源。地球上几乎没有任何一个地方能够为人类提供常年固定不变的居所。群体中的成员互相协作，在危险潜伏中寻求生存、分享食物、承担抚育孩童的责任、学习知识和技能。男性成员负责狩猎并同其他群体中的男性成员争夺资源，而女性成员则负责采集可食用性植物、设置陷阱、捕鱼并收获鸡蛋。

正如我在第一章中所说，当前的进化应归功于成功的生殖繁衍行为——个体对后代的基因分布。要将基因分配给后代，有机体必须在存活的前提下才能够得以繁衍，其繁衍的一些后代也需要遵循其先存活后繁衍的轨迹。孤助无援的婴孩和缓慢成长的儿童均需要来自父母的亲密呵护和持续照料，尤其是母亲的关注。直到近期，我们发现，为期三年内，人类婴孩需依赖于母乳喂养。在最初几年的生活里，婴孩几乎和成人保持持久不间断的身体接触。婴孩的母亲或其他成年人在寻找食物的过程中，要随身携带婴孩，几乎到了寸步不离的地步。

人类狩猎采集者祖先的群体规模并不大，女性成员每四年或超过四年才会生下一个婴孩。因此，一个群体中的孩童数量寥寥无几。这些为数不多的孩童参加社交活动的主要方式，是和处于其他不同年龄段的孩童一起进行的：在与年长孩童的接触过程中，他们日有所学。随着年龄的增长，他们能够协助成年人寻找食物并照料婴孩。当代参加社交活动的青年人处于同一年龄段，这一同龄群体存在的时间极为短暂。

人类狩猎采集者祖先很可能享有十分合理均衡的膳食结构，但食物通常极度匮乏，从而延缓孩童青春期的发育过程。在群体中，一旦女性成员开始进入排卵期，大部分时间里，她们很可能处于怀孕期或哺乳期。男性成员可能在长时间内与某些特定的女性成员保持交往，试图全身心投入到生殖繁衍这一伟大事业中，有时，此种事业甚至可能持续很多年。与女性成员相比，男性成员与婴孩和孩童之间的互动交流少之又少，但他们能够提供食物并实施保护措施。我们祖先中的有些人似乎实施了杀婴行为，也许是为了分配稀缺的资源或降低畸形或生病的婴孩的存活率。部族间的冲突十分常见，可能骤然演变为战争。

在人类祖先开始学会直立行走后不久，他们的大脑也随之迅速扩张。大容量的大脑能够让他们对更多的信息进行吸收、阐释并作出反应。与生活在较小社会群体中的动物相较，生活在庞大社会群体中的灵长类动物具有与它们体积相符的、更大的大脑容量。想要在复杂的社会群体中游刃有余地生存下去，拥有更大脑容量的群体似乎更胜一筹。

但拥有更大的脑容量是要付出代价的。比如说，选择生出脑容量大的婴孩与选择狭窄的骨盆以支撑双足步行是相互冲突的。女性的骨盆形状发生变化，以适应生产时不断扩张的出口；婴孩头部的形状得以进化，以便于其更易于通过产道；但对于即将出生的人类婴孩来说，想要如同大猩猩幼崽和黑猩猩幼崽一般发育成熟，这些变化是远远不够的。基于女性的骨盆状况，两相权衡的情况下，我们生来就具备尚未成熟的脑功能。大猩猩和黑猩猩的大脑发育在雌猩猩孕期得以完善，但就人类婴孩的状况而言，大脑发育在其出生一年后才得以完善。人类儿童对父母的依赖持续了极为漫长的一段时期，在这段时期内，他们学着探索周围的社会环境和自然环境，但依旧会寻求成年人的庇护和关爱。想要确定人类祖先究竟在当代人的灵魂和心智中遗留了哪些因素，了解其对何种事件特别留意并作出反应是十分必要的。

远古环境中的"魂灵"

生物界中充斥游走着各种萦绕不散的"魂灵"，居住在远古时期栖息地的"魂灵"、捕食者的"魂灵"、寄生生物的"魂灵"、竞争者的"魂灵"、同伴的"魂灵"以及流星、火山喷发、飓风和干旱的"魂灵"。我们如何鉴别这些"魂灵"，并找出它们根植于我们思想中的原因呢？与个体吸收和使用信息量相比，环境能够源源不断地为人类提供浩如烟海的信息。如若能够意识到这一点，我们就可以适当缩小探寻远古环境中"魂灵"的范围。信息过载并非新奇之事。数百万年来，我们的祖先深困于此，不胜其扰。数不胜数的信息奔涌而入，幸而，我们可以对其中毫无价值的信息视而不见，充耳不闻。人类对信息过载的进化反应是神经程序，着重筛选涌入的重要信息或过滤无关紧要的信息。这些神经程序如同过滤器一般，能够将毫不相关的信息剔除出去，仅仅保留重要的数据，使其畅通无阻。在拥有此种过滤器的基础上，我们进而提出所谓的"生物性先备学习"。换言之，人类的思维将额外信息过滤掉，仅关注并储存与人类生存和繁衍后代相关的决策信息。

由于基因突变和遗传漂变对行为的侵蚀并未历经漫长时间流逝的考验，抑或由于基因也可能为适应特征和积极选择特征指定遗传密码，此种行为可能会持续很长时间。近期研究显示，在自然选择不再青睐于某些行为模式时，这些行为模式依然能够持续存在。长期生存于没有蝙蝠的环境中的北极飞蛾物种依然展现出抵抗蝙蝠的防御行为。在无蛇地区，北美地松鼠展现出的抗蛇行为已持续有几十万年。只有一项例外，生活在无蛇环境中已有 300 万到 500 万年的北极地松鼠，对蛇类无法作出任何反应。地松鼠一族的繁殖期为一年；而从地松鼠一族到人类世世代代的繁衍则经历了 30 万年的时间跨度，共计约 500 万年之久。

马达加斯加岛上的陆生蛇类可以使人类遭受危及生命的咬伤。在人类居住于岛上的两千多年里，蛇类未曾对任何人造成过致命伤害；然而，大部分的马达加斯加人表现出对蛇类的普遍恐惧行为。在马达加斯加人对《圣经》早期翻译的译文中，让人类闻风丧胆的蛇类具有伊甸园中蛇的特征，是罪恶堕落的表征。（在第五章中，我们将对人类与蛇类由来已久的关系进行更多的阐述。）

在当今社会，引发人类恐惧和憎恶的典型对象几乎构不成任何威胁，但我们对这些对象持有的恐惧心理和规避倾向依然持续存在。另一方面，对于近期才演变为环境威胁的危险对象，我们仅仅对其持有微弱的恐惧心理。几千代以来，在动物行为对健康影响甚微或毫无影响的情况下，此类行为依然在动物身上得到明显的彰显；然而，一些科学家怀疑，更新世时期的远古"魂灵"存在于人类思维之中，并占据一席之地。杰拉德·戴蒙德声称，"人类从非洲热带稀树草原上四处奔散已至少有100万年之久。自那时起，我们本有充足的时间——几千代，用对所遇新栖息地的先天反应，来替代对热带稀树草原的所有原始的固有反应"。

然而，我们不能运用概括性的、貌似合理的论证轻易做出"远古环境中的'魂灵'是否存在"的结论。要证明或反驳更新世时期远古"魂灵"的存在，我们必须对具体的假说做出实验性检测。

自背起行囊离开非洲故园之日起，人类开始逐渐适应炎热和酷寒的天气变化以及新的饮食。在进化过程中，我们的体形和体态、皮肤色素沉着和免疫反应均发生演变。人类演化出对新地理区域中发现的某些植物的消化能力，此种能力能够让我们适应并开采新的食物源。然而，如若在自然选择中，不违背健康或对健康不产生影响，远古环境中的"魂灵"

可以持续存在并萦绕不散。在随后的章节中，我们将通过评估人类祖先对环境线索作出的反应是否与如今人类作出的反应相似，人类先前的适应性反应是否依然适用于至今的环境之中，来探索远古"魂灵"可能性的存在。我们将会发现，一些适应性反应与如今的人类反应十分相似，而另一些适应性反应与如今的人类反应则大有不同。借助于具体的假说，有助于我们对其持续存在的原因进行阐释。

第三章

高成本学习

　　非洲热带稀树草原上的魂灵究竟为何在我们的脑海中萦绕不散呢？在某种程度上，可以归因于高昂的学习成本，此种成本并非仅仅就大学学费的意义而言。从呱呱坠地的那一刻起，人类在获得、理解和利用新信息的过程中花费了难以计量的时间。作为历经自然选择而存活下来的物种之一，我们对自身的学习能力大肆吹嘘，夸夸其谈，但学习的代价十分昂贵。人类的中枢神经系统仅占成年人体重的 2%，但它在负责人类自身代谢作用需要量中占据约 20% 的比重。从生物学上来说，通过感官获取知识，并将知识储存于记忆之中，检索知识以供所需，做出合理的决策，建立并维持这一系统需要付出"昂贵"的代价。数年来，我们在无数个白昼和清醒的夜晚，夜以继日地学习。我们中的许多人在学校中度过了几十年的光阴生活。如若能够免除学习，我们可以利用花费在学习上的时间做些别的事情。这正是进化生物学家乔治·威廉斯提出以下论断的原因，即行为的所有因素，只要出自本能——被基因储存——就很可能演变为本能的行为。

学习不仅成本甚高，耗费光阴，它还可能极具风险。我们可能无法抓住并领悟重点或不善于学习。想必我们一定都听说过关于人们"把自己从基因库中取出来"的黑色笑话，但假使对于人类来说，知识是与生俱来的，正如预先安装的软件一般，将会如何呢？结果显示，有些知识确实是与生俱来的。在第二章中，我们已就相关知识做出介绍，即称之为"远古环境中的'魂灵'"。自人类出生之日起，"远古环境中的'魂灵'"已占据尤为重要的地位。在人类能够站立、行走或说话之前，婴孩的大脑已具有某种遗传记忆即与生俱来的固有知识。此种固有知识是人类在未曾具有直接经验的前提下，所掌握的关于所在世界的知识总和。

举个例子来说，我们似乎凭直觉去理解空间、时间和因果概念，而这些概念都是我们无法从个人经验中得出结论的。德国哲学家伊曼努尔·康德，在其巨著《道德形而上学基础》一书中推断，除非曾踏入理解人与世界纷繁关系的世界之中，否则人类是无法理解所处环境的。

近期研究表明，康德的推断是正确无误的。比如说，初次在迷宫里穿行的幼鼠的大脑呈现出杂乱无章的状态，而曾有穿行经验的年龄较大的老鼠的大脑中则存储着关于方向的信息。也就是说，初次进入迷宫进行探索观察的幼鼠处于天真无知的状态，它们的首要职责是留意并理解复杂的空间关系。当我们看到流脓、散发阵阵恶臭的腐肉时，也会显示出曾经历嫌恶情绪的固有知识。我们并不知晓的是，引发这些症状的微生物直到近期才存在，但我们对此作出的固有反应，像是我们早已知晓引发脓汁和腐肉的缘由。

人类和其他动物的思维之所以具有先天固有知识，是因为拥有这些知识能够让我们的祖先针对新情境作出恰当的反应。进化生物学为人类提供了穿行时空隧道的工具，我们得以将这些固有知识视作来自远古环境进化根源的遗传信息，但此种固有知识究竟起源于何处呢？

先天固有知识的起源

具有内部模式的神经系统的动物能够体现出对于世界的"诸多预期"，基于此，它们能够对新信息的重要性作出判断，并依据此判断作出恰当的反应。换句话说，动物在第一次作出反应时，就表现出仿佛已预期到其即将作出反应的结果一般。自然选择一直都是判断这些反应的恰当程度的"裁判官",但这并不需要(也不排除)个体从认知上意识到其所作决定引发的后果。威廉·鲍尔斯在其经典著作《行为:知觉的控制》一书中,从认知视角对知识进行了探讨。本书的重点将聚焦于识别和阐释人类具有何种先天固有知识这一点上。

生物进化是人类先天固有知识的起源,认识到这一点,能够让我们洞悉以下三个重要见解:首先,我们能够理解所掌握的知识为何适用于周遭环境。其次,进化论的视角能够解释谜题,即尽管具有如此局限的个人经验,我们是如何知晓诸多知识的。再次,进化为"我们的知识为何反映人类祖先发生进化的环境"提供了解释。在人类从子宫中脱离之前,我们的思维就已适应于外部的世界,即使对于动物来说也是如此:在马出生之前,马蹄就已适应大草原的地面以及在鱼类孵化之前,鱼鳍就已适于游泳的状态。

行为适应

如同马蹄和鱼鳍一般,行为可能是基于先天固有知识的适应行为。当某个物种的成员遭遇环境问题或遇到繁衍足量后代的机会时,进化产生的反应能够导致遗传性改变。在本书中，有时，我会简而言之，声称自然选择有利于某种"行为"，但自然选择并非如此，它只能够选择产生行为的机制。就这一点而言，行为与有机体的其他特征相比并无差异，如心脏、翅膀、蹄脚、鳍片和消化系统。对于这些特征来说，自然选择仅仅有利于能够进行产出的分子机制，无论是衍生出某种行为抑或是进化出一只翅膀。然而，进行完整而精确的陈述略为棘手且冗长乏味。捷径倒是触手可及，只要我们记得"自然选择有利于某种'行为'"究竟意味着什么。

通常来说，行为适应是十分具体的，此处仅列举几例：选择栖息地、寻找食物和配偶，皆为人类和动物提出了独特的挑战。仅仅依靠某种综合行为是无法有效应对并解决每一项挑战的。因此，为了适应各种各样的环境，一系列行为而非某一种单独行为经历了进化的过程。

对行为适应进行研究，我们无需了解一种适应行为是如何产生的。我们仅需识别自然选择为何有利于产生行为的机制。我们亦无需对适应行为具有遗传基础这一点进行论证，事实上，我们对大多数适应行为的遗传基础知之甚少。如今，我们已然知晓哪一种基因支配胎儿心脏的发育，但从基因结构和运作来看，早在基因时代初期，在格雷戈尔·孟德尔（奥地利遗传学家）于 1900 年所著关于豌豆杂交一书再次开辟新时代之前，人类的心脏就已与有效地泵血相适应。尽管对建立这些基因结构的遗传程序尚有待了解，但我们对"鸟类的翅膀与飞翔相适应"是深信不疑的。

　　基于伦理方面的考虑，我们在人类身上进行实验受到多重限制，但我们可以利用其他许多方式来研究人类的行为适应。化石留下了行为踪迹的遗痕。我们是现存唯一的原始人类物种，但通过研究最近亲缘种，我们得以了解人类的行为适应。我们可以将人类文化视为现实世界中开展的"实验"，以探讨如何应对我们所生存的纷繁复杂的环境。对多种文化之间的不同行为（诸如求偶行为）和那些相对而言较为普遍的行为（诸如遗体殓葬）作出对比，有助于我们发现行为适应的特征。对狩猎采集者文化的研究有助于我们理解人类祖先作出支配其生活决策的方式和缘由。同样，随着岁月迁移，年龄增长，我们变得越发灵活适应而非墨守成规，以崭新不同的方式应对在环境中遭遇的诸多问题。基于此，我们可以利用行为上发生的改变来检验关于行为适应的假说。

　　在以下章节中，我将重点聚焦于激发和引导我们对人类所生存和迁移的自然环境、生物环境和社会环境作出反应的行为适应的内容。正如我们在稍后章节中即将看到的那样，一系列行为适应的范围极为宽广。

透过原始人类的眼光看世界

每当观察一项物体或一个场景时，我们都是透过人类祖先的眼光进行观察的，无意识地评估我们应如何利用或对其进行修整改善。与此同时，我们也会对所采取行动产生的结果进行估量。我们不仅会问这项物体"究竟是什么"，还会问"这项物体能够为我带来何种益处"。进入某种新环境进而探索新环境并找到返回的路途是轻而易举还是难上加难？我能够从中收获什么？那棵树是产出水果之地、捕食者的庇护所，抑或是瞭望哨？一条河可能是水源，也可能是穿流而过的河道，抑或是要跨越的障碍。鸟群或哺乳动物群可能会传达发现物产丰富环境的信号。在我们处于无意识状态时，我们的神经系统正忙于对外来数据进行过滤、抑制信息输入或加强信息流动、检测感知的准确度以及对信息作出评估。在进化演变中，当代人的生活方式瞬息万变，因此，我们在接收处理外来数据时，利用的是早已与非洲热带稀树草原相适应的大脑神经系统。

生态心理学家吉布森于 1979 年提出"给养"的概念，我们可以借用这一概念来解释事物带来的益处。所谓"给养"，是指在某一特定时间，一项物体或环境提供给个体的内容。由于给养随着季节、气候和个体的当前需求变化而发生变化，因此我们无法对环境属性进行简单统计，也无法对给养进行量化。

作出评估并按照评估行事，由此进化产生的结果是我们依靠直觉来识别并寻求优质的人居环境。换言之，我们经历进化，以寻求让我们受益匪浅的环境和物体，自发规避那些对我们百无一益的环境和物体。进化传达的喜讯是，我们乐于其中的许多事物很可能大有裨益。

人类祖先赖以生存的大部分环境数据与时空中物体所处的位置息息相关。人类的生存取决于对这些不同的位置深谙于心：昨天被捕食者在哪里出现？我上次在哪儿贮藏那些无法带回营地的食物？结有丰硕水果的树木生长在何处？如若出现紧急情况，哪里可能成为我的安全藏身之处？对资源进行定位是至关重要的，但对于高度社会化的物种而言，理解和评估社会环境也具有同等的重要性。利用先天固有知识和新信息，我们对自然环境和社会环境均进行评估。下面将对其评估方式的运作进行进一步探讨。

对自然的适应性反应

基因存储关于祖先所生存的世界的相关知识，且为个体适应从未涉足的环境做好充分准备。此外，基因也会对我们最易学习并铭记的事物产生影响。在进化过程中，人类自然环境中的许多部分依然保存如初。如若拥有魔力时光隧道，将我们带回到非洲热带稀树草原上，彼时，人类祖先的大脑正在经历迅速进化和扩展，我们就能够识别不同的地貌特征：悬崖、瀑布、河流和湖泊。我们在寻找食物和庇护所的长途跋涉过程中，踏遍经历的地形和景观十分相似。我们会识别出植物和动物的大多数物种。自然和自然源亦呈现出相似的特征。如今，科学家认为人类的诸多普遍特征，如对基本颜色的区分，极有可能是在进化过程中，对环境中较为稳定的部分作出的反应。

然而，其他的环境特征直到近期才开始初露端倪，以至于我们缺乏关于进化过程中对环境作出反应的考证。相对而言，其中一些特征，如栽培植物和家养动物、外来物种、水坝和建筑物，都是对存在日久的环境特征的微观调整。其他一些特征，如高速公路、有毒化学品和机械装置，都是极为新奇的。这些特征存在的时间段如此短暂，以至于我们无法对其作出适应性反应。正如我们在以下章节中即将讨论的那样，在涉及这些特征时，人类的先天固有知识无法发挥作用，我们就显得束手无策了。

同样的无意识评估也会发生在我们遇见的人身上。人类的社会性大脑自发进行连接，并衡量我们遇见的人是否具有积极给养或消极给养。如通过观察婴儿看到母亲脸庞和陌生人脸庞时，其脑部活动所作出的反应，科学家得出结论，至少在 6 个月大的时候，婴儿才能够分辨出熟悉面孔和陌生面孔。稍后，我们将探讨人类善于慧眼识人，并能够解读肢体语言和面部表情的缘由。

无论环境、植物和动物特征的本质如何，抑或是我们与之共享空间的人的本性如何，此类情形仅仅持续某一段时间。设想一下吧，究竟多长时间能够对我们所需作出反应的时间和方式产生影响呢！

时间影响一切

大多数沿着远古时期的地形和景观穿行跨越的物体都是潜在的猎物、捕食者或其他人群。追踪他们的轨迹至关重要，且通常来说，必须尽快作出决策。除了对事件作出敏捷反应之外，人类祖先还需对那些在岁月变迁中缓慢发生变化的环境线索多加留意，季节变化就是其中最为重要的一种。随着年岁推移，资源的种类和资源储存场所也随之发生改变。人类祖先必须收集并依照信息行事，比如说，决定跟随迁徙的畜群，抑或是跋涉到更高的地势，我们可以收获到独具风味的野生食物。

环境或事件的某些特征瞬息万变，或时时刻刻都在发生变化，另一些特征则每年发生变化。尽管如此，还有一些特征，其发生变化的规模过于微小滞缓，以至于我们无法作出记录。瞬息万变，抑或是时时刻刻发生的变化，其内容包括气候变化、野生动物或潜在敌人突然出现或是晚暮将至。对于这些短期事件作出的反应包括寻求庇护所、采取防御性措施以及在夜幕降临前找到栖息的安全场所。季节变化包括日照愈短的白昼、盎然萌发的花蕾、树叶和花朵以及酣畅淋漓的降雨。为了应对这些变化，人类祖先作出的反应是转移其狩猎场所。几十年间发生的变化包括林地取代草地或者河流改变奔流方向进而导致栖息地的迁移。为了应对这些长期变化，在草地上设营的小群部落可能开始寻找适宜安居的新领域。跨越诸世纪发生变化的特征表现为常量。在应对不断变化的情境时，对未来进行预期和规划的能力是至关重要的。

过滤环境信息

人类大脑接收的多数环境信息都是无足轻重或者甚至可以说是无关紧要的。我们无法全面兼顾全部信息，且也不该如此面面俱到。我们的大脑究竟是如何从海量的信息洪流中对信息进行分类，并淘洗中生存所依赖的那些信息呢？

人类的神经系统主要在以下几个方面实现信息的分类和淘洗：感官类生物体经历进化后，仅仅对涌入的部分信息作出反应。比如说，一些动物（诸如鸟类、昆虫）能够看见紫外线，但人类不能。此外，感官类生物体对突如其来的变化尤为敏感。通常而言，恒定不变的环境条件在当下来说是无关紧要的。另一方面，通常而言，突如其来的变化是值得我们多加留意的（想象一下兔子对声音作出反应时，突然转动耳朵的情景）。我们对习以为常的背景气味反应微弱，但对突然涌入的气味反应强烈，如从烤面包机中散发的烟味。在过滤信息时，有一个更为戏剧性的例子：在凭借回声进行声波定位时，蝙蝠的耳朵处于完全封闭的状态。当轻柔的回声在几秒钟之后抵达时，蝙蝠的耳朵已经做好全副准备，对回声作出封闭反应了。如若蝙蝠的耳朵在声音中处于封闭状态，响亮的声音仍然会产生回响。当捕食者或障碍物横空而降时，蝙蝠就无法侦测到轻柔的回声。蝙蝠的生存取决于过滤外部无关信号的能力即其自身所具备的回声定位能力。

首先意识到信息过滤重要性的人是爱沙尼亚的生物学家雅各布·冯·尤克斯奎尔。他认为，动物的主观世界是由少数重要的事物构成的。他将这些主观世界称之为"周围世界"（德语，即英语中的"环境"environment）。根据尤克斯奎尔的论证，扁虱的生存环境仅由三个部分构成：所有哺乳动物的汗腺产生的丁酸散发的气味，37℃的适宜温度（哺乳动物的血液温度）以及哺乳动物的毛发。通过对这些少量的环境线索作出反应，扁虱能够找到并依附于哺乳动物身上，这是扁虱需要完成的首要任务。

　　相对于扁虱的生存环境而言，人类的生存环境更为错综复杂，但我们太过于频繁地依赖于简单的环境线索。在很大程度上，这些环境线索都是可视的。灵长类的动物，包括人类，均依赖于视觉对事物进行定位、从零碎残缺的信息中识别物体以及对移动中的事物实施侦察。作为适应昼出的灵长类动物，我们拥有可前视的眼睛和色视觉，这些特征对我们了解环境大有裨益。想要分辨出物体在空间中的位置，我们需要对深度进行感知。大多数人利用进入双眼视网膜的图像差异来感知深度，但仅有一只眼睛具备良好视力的个体依然能够感知深度。他们通过利用其他环境线索，达成这一个目标：物体的相对大小、哪些物体遮蔽住其他物体、阴影、高地、纹理梯度、色彩以及线性透视。

　　人类的大脑同样也会从复杂的背景中提取图案，并将图案识别为物体。通过将强大的线边缘检测器和神经程序相结合，此种程序甚至能够将模糊不清的线条和残缺不全的物体理解为真实物体形式的一部分。基于此，我们可以从零散琐碎的环境线索中构建完整的图像（如穿梭于草丛中的蛇）。在寻找物体的过程中，色视觉也可助我们一臂之力。对婴儿的研究表明，先天固有知识是如何帮助孩童将纷繁复杂的世界转化成婴儿呱呱坠地时，睁开眼睛所看到的崭新世界的。孩童的视觉系统从发展到成熟进展十分缓慢，但即便是处于婴儿时期，我们的大脑依然在积极活跃地过滤视觉信息。在本书中，稍后我们将仔细探讨环境信息与年龄的相关性以及婴儿的先天固有知识为何处于适应性的状态之中。

正如我们方才所讨论的，动物思维之所以具有关于环境的先天固有知识，是由于与那些缺乏关于世界如何运作的内部模式的个体相比，掌握关于世界如何运作的内部模式的个体能够作出更为明智的决策。我们可以借用进化论的观点，对人类先天固有知识和环境之间的适应性作出合理解释。同样，这也能够解释我们为何拥有便于人类祖先存储远古知识的中枢神经系统。

因此，人类非洲热带稀树草原上的远古"魂灵"是对环境问题或机遇所作出的进化反应。这些进化反应持续的时间足够漫长，以便于人类物种中发生重要的遗传性改变。我将这些进化反应称之为"远古生存环境中的'魂灵'"，因为我们用于评估环境给养的许多过程都是在无意识中进行的。人类的神经系统处于处理和评估信息的状态之中，我们利用这些信息快速作出决定，但我们通常对此毫无意识。环境信息无处不在，充斥淹没我们的生活，但我们经常对此视而不见。然而，相关信息依然得以进入我们的神经系统，以便于我们对周围环境作出无意识的评估。

第一、二、三章对相关背景进行了介绍，在以下章节中，我们将探索人类祖先产生的情感反应为何有助于他们在应对环境挑战时作出恰当的反应，以及人类祖先作出反应的结果为何会作为"远古环境中的'魂灵'"，现今依然留存在我们的大脑之中经久不散。

第四章

理解地形景观

　　从非洲地区传播到欧亚地区，非洲热带稀树草原上的"魂灵"久居于人类祖先的思维之中。考古学家已然发现这一事实，因为多种信息表明，人类祖先穿越跋涉过哪些环境以及他们利用了何种资源。比如说，人类祖先得以栖息的洞穴和营地遗迹显露出他们所食用的食物。在欧洲大部分地区，我们发现，超过250个鸟类物种的残骸散落在营地周围。如今这些鸟类生存和居住的栖息地，和数千年前的栖息地如出一辙，因此，考古学家利用这些信息来推断洞穴周围的地形景观。这些鸟类和人类祖先曾定居于类似东非地区的栖息地上，即由热带稀树草原、湿地和岩石露头多种地形景观混合而成的区域。

人类祖先绘制的艺术品同样能够显露端倪。从这些艺术品中，我们能够了解到他们的关注重点。如图所示，在西班牙北部纳瓦拉地区的洞穴中，发现一块雕刻碑碣（图 4.1）。这块碑碣约于 13600 年前雕刻而成，包括对人类所知最早时期地形景观刻画的表征。据测量，碑碣的面积小于 12.7厘米 ×17.8 厘米，厚度不足 2.54 厘米，但碑碣导航刻画了连绵起伏的山脉、蜿蜒而过的河流、逸趣横生的池塘以及觅食和打猎的绝佳地点（图 4.2）。通往进入此处地形中不同地点的路径均雕刻于图像之上。碑碣上刻画的山脉，以及山坡上的野生山羊群，在当今现存的洞穴中依然清晰可见。此处地形景观与人类祖先曾居住的东非栖息地极为相似——图像镶嵌着开阔广袤的草原、疏落有致的树木、零星点缀的小灌木丛以及江河湖泊附近的密集树林。疏落有致的树木、连绵起伏的山丘、露出地面的岩石，拥有如此景致的草原是人类祖先梦寐以求的理想栖息地，在这里，他们可以无拘无束地狩猎。居住于阿万茨洞穴中的居民可以利用这一广阔远景来策划长距离的跋涉迁移。树木和突出物是人类祖先追踪奔跑的动物探测接近人群的绝妙遮蔽地点。附近的湖泊和河流能够为他们提供永久的水源。

结合以上几点，这些结果同样表明，人类祖先很可能是沿着海岸线，而非经由欧洲内部无树木的广袤贫瘠地区分散而居的。海岸线地区为人类祖先提供了所需的综合地形景

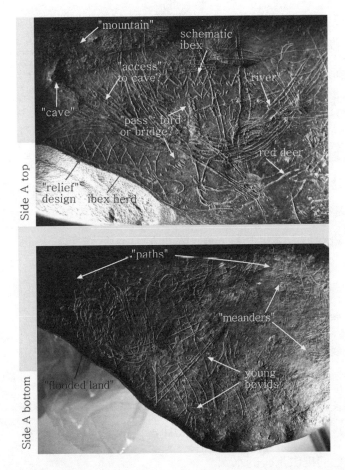

图 4.1

在现今西班牙地区，约 13600 年前，马格德林时期（指欧洲的旧石器时代晚期文化）的狩猎采集者在岩石上雕刻下一幅原始地图。1994 年，任职于萨拉戈萨大学的皮拉尔·乌特里亚在阿万茨洞穴中发现了这块岩石。

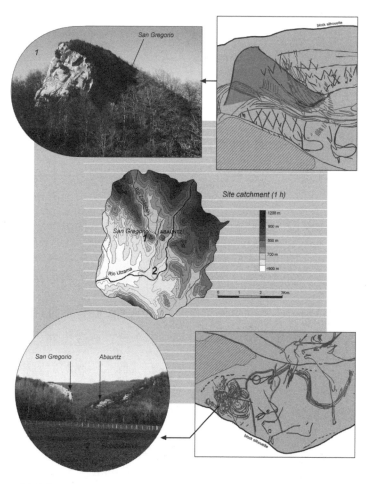

图 4.2

在现今西班牙地区，约 13600 年前，马格德林时期（指欧洲的旧石器时代晚期文化）的狩猎采集者在岩石上雕刻下一幅原始地图。1994 年，任职于萨拉戈萨大学的皮拉尔·乌特里亚在阿万茨洞穴中发现了这块岩石。

观，包括热带稀树草原、湿地、露出地面的岩层以及水源。然而，他们依然无法远程射猎大型动物。在无处隐匿藏身的开阔平原上，这一技能是必不可少的。

如今，来自非洲热带稀树草原上的"远古环境中的'魂灵'"依然伴随着旅行者上路，与其形影不离。1849年9月，马西上尉带领一支探险小分队，为美国政府探索南部平原上鲜为人知的地区。当小分队接近布拉索斯河（美国得克萨斯州中部和东南部的河流）科利尔佛科河岸的河源上游时，他随手记录下以下情感抒发的内容："正如我一生所见，我国八英里范围内的壮阔美景映入眼帘。那是一片绿草如茵的林间空地，着实美不胜收。枝繁叶茂的牧豆树疏落有致，覆盖如绒毯，有着亭亭玉立的风致。它不是空湛岑寂的荒野，而是偶然踏进的人间世外桃源。"马西上尉凭借直觉推断，热带稀树草原的地形孕育富饶肥沃的土地，灌溉良好、水源充足，是适宜安居的好地方。和我们其他人作出的反应相同，他的反应反映出人类祖先曾在非洲热带稀树草原上度过的漫长时光。

数千年来，我们似乎将对不同地形景观产生的情感反应保留至今。这些情感反应是留存在人类思维中"远古环境的'魂灵'"。想要深入了解这些行为如何能够成为物种DNA中的一部分，让我们想象一下初次进入陌生环境中的动物吧！在如洪水般冲击其感官的数据之流中，它们应该对哪些零碎信息多加留意呢？哪些信息能够最大程度地告诉它们此处环境能够提供的资源？当前环境确实很重要，但如若个体要对这片领域宣称主权，并在此抚育后代，未来的环境情境显得更为重要。因此，许多动物会关注能够预测未来环境情境的地形景观特征。在短期内，这些特征可能无法为个体提供所需资源，比如说，鸟类可能不会选择能够在当下供给丰富食物的场所作为栖息地，但会选择在未来可能供给食物的场所。鸟类会充分利用一些特征以便于择巢而居，诸如高大树木的密度和枝叶的结构。鸟类之所以在进化过程中如此行事，是由于植被结构能够更为精准地预测几周之后的食物供给状况，彼时未离巢的雏鸟正处于嗷嗷待哺的关键时期。鸟类不仅要评估栖息地在现阶段能够为它们供给什么，并且要评估在未来几周栖息地能够为它们的后代供给什么。

　　由此我们可以看出，动物在择地而居时，会作出一系列的决定：首先，它会选择一个综合区域，区域内有多重栖息地可供选择。不同的栖息地适合不同的活动类型。一方面，雄性个体可能扬扬自得地向其他雄性动物炫耀，并向雌性动物殷勤求爱。另一方面，它可能会外出觅食。再次，动物可能会选择一处居所筑巢，并抵御竞争对手的入侵。最后，当遇到新环境时，它必须作出决定。依据物种的不同种类环境中存在潜在的捕食者、被捕食者、伙伴、竞争对手、居住的巢穴等等，它应该如何对环境的个体特征作出反应。

通常来说，与作出影响更长期行为的决定（在这里筑巢）相比，个体会更为频繁地作出关于环境个体特征的决定（吃浆果），但前者会对其他决定产生强烈的影响。举个例子来说，作出关于某项食物类的错误决定——本应该食用此食物却将其置之一旁，会对生存产生影响，但与作出关于筑巢之地的错误决定从而影响随后觅食的许多决定相比，此种影响甚微。然而，某些关于个体特征的决定可能会产生致命的后果，如面对饥肠辘辘的捕食者，动物反应迟缓的时候。一般而言，个体在作出一项决定中投入的时间和精力越多，那项决定对个体成功存活和繁衍后代就显得越发重要。此论断同样适用于人类。与决定在哪个餐厅吃晚餐相比，我们将更多的时间花费在选择住所上；求爱行为经常延续多年，未曾停歇。

个体的情况，包括年龄、性别和身体状况，也会对"个体前往的目的地、如何抵达目的地以及当其抵达目的地时，会做些什么"产生影响。实践和天气也是影响个体作出决定的因素。如若作出的决定有助于动物生存和繁衍后代，换言之，如若选择含有丰富食物的安全巢穴作为栖息地，影响此种决定的心理机制就会发生变化，进而被编码到动物的基因中。

栖息地选择的不同阶段

我和我的同事发现，将栖息地选择视为三个阶段的过程有助于进一步开展研究。我们将这三个阶段称之为遇见、探索以及退出或建立。在遇见的第一阶段，动物和陌生的地形景观不期而遇，此时，它们需要作出决定，要进入此地深入探索还是忽略此地继续前进。在稍后的谈论中，我们将会得知，人们在作出此决定时是处于无意识状态中的且几乎在瞬间就完成抉择。在此阶段作出的决定无需有意识地推理，但个体可能会在无意识的状态下联想到大脑中存储的曾到过之地的信息。

环境中预示动物适应性的部分能够激发这些迅速敏捷、无意识的反应。通常而言，这些特征具有广泛概括性。心理学家罗伯特·扎荣茨将这些概括性特征称为"优先选择"。这些优先选择包括物体在空间中的分布、深度线索、水流和树木。我们利用关于深度的线索对距离作出评估，也许是在抵达被捕食者所在的地方或安全处所时，穿越空地的所需时间。树木和流水预示着食物、可能的庇护所的存在以及通过追寻河流的流向，能够畅通无阻进行迁移的能力。

如若个体下定决心留在某地，首先，它会对这片区域展开探索，并熟记更多的相关信息。探索的第二阶段涉及许多认知方面的努力。此外，此种探索可能持续许多时日。环境中错综复杂的、图案化的特征，诸如从地平线上观察到的景象以及沿着地平线移动的方式，会促进并加快探索的进程。只有通过对复杂环境的探索，个体才能够确定此地具有丰富或稀缺的资源、现在和未来的情境如何以及此处环境提供安全无虞的保障或潜伏危机四伏的因子。探索是极具风险的，个体暴露在尚未可知的危险中，因此，风险评估是第二阶段显著的构成成分之一。

英国地理学家杰伊·阿普尔顿阐述了一种理论，以解释在将多种特征即影响我们安全探索和收集关于新环境信息的能力的特征，诸如瞭望、庇护和危险纳入参考范围内的情况下，我们如何对陌生的地形景观进行评估。瞭望为我们提供了辽阔视野（图 4.3）。庇护所为我们提供在无人可见之处进行观察的遮掩处。危险是指在探索环境时，人类所面临的危险。这些特征可能是主要特征，即从观察者当前位置可直接观测到的特征；也可能是次要特征，即只有在真正进入环境之后才得以进行评估的特征。阿普尔顿提出的了望－庇护理论中的诸多要素不仅与我们面对陌生的地形景观时产生的无意识始初反应有关，也和我们在探索区域时作出的有意识评估息息相关。

在阅读奥地利动物行为学开山祖师康拉德·劳伦兹所著经典科普著作《所罗门王的指环》一书时，阿普尔顿构思了了望－庇护理论，这一理论激发了此后学者们对地形景观

图 4.3

站在山脊上一棵树的栖木高位上，一个来自哈扎比部落、名叫马西亚的男人远远凝望着粗糙崎岖的地形，找寻野禽作为猎物。

马丁·舍勒／奥古斯汀拍摄。

的诸多研究。《所罗门王的指环》一书中提道：

　　复活节的氛围已然在空气中酝酿，我们在森林中悠然漫步。树林阴翳，山毛榉树的斜坡上树木繁茂，美不胜收，天地万物间唯此独绝，无有可与之媲美者。走至林间空地……在穿越最后一片灌木丛、走至一片广阔的草地之前，正如所有的野生动物和精于研究的自然学家、野猪、猎豹、猎人和动物学家所做之事，我们在相似的环境下会做出同样的事情：我们会进行勘察。在留下足迹之前，我们找寻并从环境中获取能够提供给狩猎者和被狩猎者的益处，也就是说，在不被觉察的情况下实施勘察。

阿普尔顿的观念对多种学科，甚至跨学科领域内的工作者们皆影响颇深，包括我自身在内。在本书稍后三个章节里，我们将再次探讨了望 – 庇护理论。

在第三阶段，也是最终阶段，个体忽略此处继续前行（离开）或决定留在此处，可能稍作短暂停留，待上一个季节，抑或终生待在此处（建立）。如若选择在此环境中停留，个体可能会试图改善环境（挖掘洞穴、建筑巢穴、清理灌木丛、挖水井）。栖息地选择的三个阶段经常出现相互重叠重复的部分，我们的讨论亦然。

我们对环境线索的反应随着个体所需的变化而变化。当我们处于饥肠辘辘、口渴难耐或瑟瑟发抖的状态中，食物、水源和庇护所就显得越发重要。正在享受野餐的一家人很有可能对即将来临的暴风雨深感不快，眼睁睁看着庄稼在干旱中枯萎的农民则会为暴风雨的到来欣喜若狂。然而，无论是这一家人还是农民，都会在暴风雨来临前寻找一处干燥的地方躲雨。尽管存在此种差异，共同的模式依然普遍存在于人类之中，正如会对食物、水源、庇护和避难作出积极反应一样，人类也会对潜伏的危险，诸如暴风雨、火、捕食者和障碍物作出消极反应。

可识别的地形景观

在人类已开发的世界里，我们生命中大部分的时间都是在熟悉的环境中度过的——我们的家、工作场所以及购物的街区。在这些熟悉的环境中，我们挥洒自如，备感舒适。然而，即便是最为安居乐业的人，也经常发现自己置身于陌生的地点。人类祖先在一生中作了诸多第一阶段的决定。通过研究如今人类理解陌生环境的方式，我们可以推断出人类祖先是如何作出反应的。

我们所了解的人类对环境作出无意识反应的大多数内容来源于带有图像的实验。丰富的实验文献显示，当将包含陌生地形景观的图片展现给参与实验的人时，人们能够在无意识中迅速作出推断。基于理解眼前图片上的地形景观所需处理的信息量，我们进而作出推断。我们能够在无意识中迅速作出某些推断（遇见阶段），但接下来，我们可能需要借助大量有意识的处理才能够作出推断（探索阶段）。

当论及初次遇见的陌生地形景观时，人类是如何无意识地和有意识地处理信息时，心理学家会使用诸如"一致感""复杂性""环境可识性"和"神秘感"这些术语。

"一致感"是指我们能够熟练地理解一个景观的组成。"环境可识性"是指对个体在多大程度上能够在不迷失方向的情况下顺利进入景观的评估。美国城市规划师凯文·林奇在其 1960 年出版著作《城市意象》一书中首次介绍了"环境可识别性"这一概念。从我们能够熟练地识别环境成分，并将这些成分组合成一致连贯模式的视角，林奇对城市景观显而易见的清晰度或可识性进行了描述。可识别性空间是指易于理解和铭记的空间，其空间结构有助于我们在其中畅行无阻，并找到回到起点的路途。

对"复杂性"进行评估，我们要对那些可能显示景观资源丰富性的物体多加留意。"神秘感"是指如果我们进入景观，将获取更多信息的承诺。神秘感能够引起我们的好奇心和求知欲，并激发我们作出猜想，即哪里能够找到资源，以及我们最有可能面临风险和遇到危险的地方。但想要获取此类信息，我们必须将自身暴露于危险之中。正如康拉德·劳伦兹所说，在不被觉察的情况下实施勘察，是十分有利的。

正如我们即将在以下章节中讨论的内容，我们对地形景观的绘画和图像作出的反应，可作为我们如何评估陌生地形景观的丰富信息来源。许多调研者开展的实验揭示，我们能够对正规和富有含义的模式作出迅速评估，但受试对象通常无法对其作出的选择进行解释。尽管我们倾向于认为人类对其固有的反应方式理解甚深，但实验显示，当测试者询问受试者为何喜欢或厌恶某些景观时，受试者通常陷入无法解释原因而一时语塞的尴尬境地。由此，我们捏造出不同的说法和解释。心理学家乔纳森·海特在其2006年的著作中写道：

当看到一幅图画时，你通常在无意识中立刻就明白是否喜欢它。如若旁人向你寻求作出如此判断的解释，你就会开始捏造理由。实际上，你对"为何认为某个物体美丽"也深感迷惑，但你的思维解释模块善于编造理由……你会为喜欢这幅绘画寻找一个貌似可信的理由，瞬间抓住第一个言之有理的理由（可能是某些模糊的原因，源于画作的颜色、光线，抑或是小丑闪闪发亮的鼻子反映出作画者的精湛技艺）。

值得庆幸的是，研究者们已然设计出巧妙的实验，以助于揭示我们的隐藏动机，我们在稍后的章节中将进一步讨论。

在第一阶段即遇见阶段，影响我们对陌生环境产生的始初、非认知反应的特征对于下一阶段即探索阶段来说，也是至关重要的。"远古环境中的'魂灵'"也会对我们探索和评估环境产生影响，激发我们对面临的风险和资源作出反应，并对此多加留心，以改善我们的生活。

以下几个章节的重点将聚焦于这些对环境的评估之上。

第五章

草丛中的毒蛇以及
其他危险生物

当我测量一棵金合欢树的树干时，我的同伴站在一旁，透过双筒望远镜观测地平线，同时警戒着捕食者的出现。彼时，我正在攀爬树干，试图测量树干分叉形成主枝的高度，并采集树叶，准备带回营地进行研究。那是 1978 年 10 月 12 日，我和我的妻子以及贝蒂在肯尼亚南部蛇绿霞辉岩基地进行考察，收集数据以便于检测我之前作出的一项预测。

1978 年年初，我曾提出一项关于非洲热带稀树草原的假设，因此，我们来到非洲进行考察，以验证我的假设是否成立。当我提出此项假设时，人类学家已然知晓一个事实，即当人类祖先居住于非洲东部热带稀树草原上时，他们的大脑在体积上扩展了三倍。我预测，在资源丰富的热带稀树草原上的优势树种形状尤其对人类具有吸引力，因为人类祖先在此存活下来，并成功繁衍出后代。基于此，我和贝蒂对肯尼亚热带稀树草原上资源丰富区域和资源稀缺区域内的树木分别进行测量，试图发现哪些树木的形状在最佳地点中占据优势地位。但我们考虑的不仅仅是树木的形状，不同树木之间形成的形状以及茂草的形状更值得我们关注。夜幕降临时，我们居住于帐篷之内，能够听到狮子的怒吼声；白天，当穿越热带稀树草原时，我们会想在我们通行之路上，是否有蛇在附近嘶嘶作响，潜伏其中，伺机而动。

我们都因为狮子是否出现而提心吊胆，但我和贝蒂尤其担心蛇类出没。假如我们与蛇类近在咫尺，却未能发现蝰蛇（欧洲产的小毒蛇）或巨蟒的踪迹呢？一旦瞥见蛇类，或者哪怕只是一张脱落的蛇皮，我们都会大吃一惊，这几乎是人类的普遍反应。许多人对蛇类嫌恶之至而唯恐避之不及，由于蛇皮闪闪发亮，人们常误以为蛇类是"黏滑之物"。对于从未见过或未曾被蛇类咬过的人来说，蛇类依然会激发其强烈的负面情绪。在新英格兰人中，几乎没有人说过他们曾遇见过蛇，但据他们所说，在激发其极度恐惧的物体之中，蛇类是最为普遍的动物。但人类对于蛇类的恐惧究竟是先天固有的、从我们灵长类祖先中遗传下来的恐惧，还是后天获得的恐惧呢？

促使我们逃离或规避危险的神经系统可能是动物最先发

生进化的行动系统之一。想要置身危险之外，动物必须能够识别环境模式，知晓哪一个模式预示着危险，并采取恰当行动。如今激发人类恐惧的物体和情境，如蛇类、大型哺乳动物、心怀叵测的陌生人，也确实曾将我们的祖先置于危险的境地之中。由许多哺乳动物，包括人类所共享的恐惧 – 学习这一神经网络位于杏仁核上，即脊椎动物大脑颞叶中神经细胞的杏仁形区域。这一"恐惧网络"能够迅速产生反应，而此种反应可以在几乎毫无线索的情况下被激发。此种恐惧反应对刺激尤其敏感，即在草丛中忽隐忽现、如波浪般起伏，造成复发生存威胁的毒蛇。

数千年来，毒蛇和巨蟒，如蟒蛇和大蟒，已导致人类伤亡无数。它们捕食我们的灵长类动物祖先，捕食最早期的原始人类，几十万年后，它们依然永不停歇地捕食我们。蛇类具有高辨识度的形状和独特的爬行方式。大多数蛇类都是潜伏的捕食者。只有当我们在无法侦察时接近它们，蛇类才具有危险性。同样，其他大多数的大型陆地肉食动物在发动攻击之前，也需要足够接近他们的猎物。它们善于利用掩蔽物，具有的色彩模式能够在其狩猎的隐蔽位置提供伪装，不易被猎物察觉。

人类祖先具有觉察隐藏、静止的捕食者的能力，仅仅从其显露在外身体的微小部分就能看出端倪，并因为这项能力而受益颇多。辨别动物提供伪装的图案——条纹、斑点、具有纵横线条和许多边缘（棋盘花纹的图案），以及侦测动物的眼睛，都可以助人类祖先一臂之力。研究表明，人类确实具备这些特殊的侦测系统。

在自然界中，拥有棋盘花纹图案的动物十分罕见，但在蛇类之中却屡见不鲜。然而，这些图案会对哺乳动物的视觉系统细胞产生强烈的刺激。人类的视觉系统中的外围视觉能够快速侦测到鳞型，此种外围视觉使我们最易发现蛇类存在的区域。与统一均衡的纹理相比，棋盘式排列的纹理呈现出的视觉图像更接近于人类视觉中枢中所观察的区域，并产生更多的活动。与随机点图案、圆形物或随机纹理中的三角图案相比，鳞型图案能够在人类大脑视觉中枢里产生更大的神经活动。神经系统选择性地对尖角、边缘等特征作出反应，这些特征能够提高我们在白日里侦测处于隐蔽位置的蛇类。我们的神经恐惧模块增加了我们侦测静止不动的蛇类的能力，即便当我们丝毫没有意识到已经看见蛇类的时候，也能够作出反应。林恩·伊斯贝尔提出一项令人信服的论据，即人类侦测静止不动蛇类的能力之所以不断提高，主要是受到有利于灵长类动物视觉系统罕见特征发生进化的因素影响。

然而，爬行动物的鳞片同样会激发积极的情感反应和共鸣。在 20 世纪 90 年代的十年里，蛇类图案频频出现于女性的服装和配饰之上，风靡一时。女性将印有蛇类图案的衣服和配饰穿在身上，以吸引眼球。鳄鱼皮和蛇皮通常用于化妆品之中，直到当今社会，出于动物保护的考虑，被与动物真皮类似的印花织物取而代之。在南亚，印度教徒崇拜眼镜蛇，期望眼镜蛇赐福于他们，以提高人们的生育能力。他们将眼镜蛇与湿婆神这一神圣象征联结在一起。在一次敬蛇仪式上，密集的人群低声吟唱、在神明面前向每一个被展示的眼镜蛇祈祷。

我们想要接近和研究蛇类，很可能是因为雕刻品上经常出现鳞片图案以及它们在绘画和景观镶嵌画中的作用。刻意打磨、刮削和凿削的页岩上刻着网状图案的赭石颜料，此种图案与爬行动物身上的图案十分相似，是石器时代中期遗址中最古老的文物之一。玛雅艺术中装饰图案的主要形式，包括菱形交叉图案、锯齿形和阶梯形，被认为是模仿响尾蛇鳞型图案制作而成。伊斯兰艺术中的一些马赛克图案设计也与蛇鳞图案十分类似。

在灵长类动物的早期进化史中，毒蛇和收缩蛇在危及其生存的脊椎动物捕食者中占据绝对霸权。危险的蛇类仍然是人类致残和死亡的来源之一。每年有超过 10 万人死于蛇咬伤，其中大多数人死于热带地区。 除了在无毒蛇区域的马达加斯加岛上进化而来的狐猴之外，所有的灵长类动物都对蛇类具有一种与生俱来的、根深蒂固的恐惧感，且此种恐惧感极易被触发。实验室内饲养的猴子也是如此，这些猴子从未见过蛇，但仅仅通过观察其他猴子的恐惧情态和行为，就会变得恐惧不安。

我们对蛇的侦测和反应也具有内在根深蒂固的偏见。九到十个月大的人类婴儿对蛇的反应，与对其他动物的反应相比，并无不同。但到一周岁时，在开始学步之前，他们很快就将蛇和恐惧的情感反应联系起来。到三岁时，与不具威胁的刺激物（花朵、青蛙、毛毛虫）相比，儿童能够更快速地侦测到蛇类出没的痕迹。与之相反，无论是儿童抑或是成年人，在繁花之中发现一只青蛙，与在众蛙之中发现一朵花并无差异。换言之，与发现并对其他事物作出反应相比，我们能够更快速地发现并对蛇类作出反应，这是由于神经回路是在婴儿大脑快速成熟的第一年形成的。

人类具有对蛇类恐惧的倾向，此种倾向产生的副作用是，我们错误地推断出蛇类和厌恶刺激之间的相关性。在一项实验中，安德鲁·托马肯和他的同事向受试者展示了蛇、花朵或蘑菇的幻灯片。一些幻灯片与轻微的电击配对，另一些幻灯片则不进行配对。受试者更易作出错误判断，即蛇的幻灯片与电击配对，花朵或蘑菇不与电击配对。当危险的人造物体如损坏的电气设备或枪支映入眼帘时，受试者并没有经历虚幻的电击，但蛇的图像足以让我们想象到痛不欲生的感觉。

一旦我们意识到蛇的存在，它对我们的危险性就相对甚微。考虑到这一点，在某种程度上被蛇形物体所吸引，能够提醒我们蛇的存在，进而促使我们对其出现的位置进行监控。来自灵长类动物的野外考察、实地调研的证据表明，此种行为反应也许是如此进化的：非洲和亚洲地区的猴子与类人猿会通过呼朋引伴的方式，吸引同伴对蛇的注意力。保持警惕的小组成员可能会一直追随蛇的踪迹，直至蛇离开此片区域到另一个它们未曾进入的区域狩猎。

我们对蛇既倍感恐惧，又深受吸引，此种复杂的情感可能用于解释为何蛇已成为权力和性的象征、图腾、神话和诸神的主人公。在大多数文化之中，蛇都被人类神秘地美化了。霍皮人将水蛇帕鲁科恩视作一位仁慈但可怕的神性存在。生活在无毒蛇区域——英国沿海、哥伦比亚和阿拉斯加的夸扣特尔人，对希尤斯——一条长着人脸和爬行动物两张脸的三头蛇心怀恐惧。当希尤斯潜入梦境时，它预示着精神错乱或死亡。秘鲁的沙兰纳华族通过服用迷幻药剂来召唤爬行动物的灵魂，并用蛇的舌头舔舐抚摸自己的两张脸。

出于对蛇的敬畏，人类创造出诸多艺术，尤其是宗教艺术。欧洲旧石器时代的石雕多以蛇纹形式为装饰。在西伯利亚，蛇被雕刻成猛犸象牙，远远超出了蛇的范围。具有艺术效果的蛇类通常是赋予人类生育能力的神灵护身符。迦南人的阿什脱雷斯（古代腓尼基和叙利亚司掌爱情和生殖的女神）、中国华夏先民的创世神伏羲和女娲以及印度的强大女神穆达玛和玛拿萨。古埃及人对至少十三个蛇神怀有崇敬之意，这些蛇神掌管着健康、繁衍和自然植被。刻着眼镜蛇神标志的金质护身符就放置在图坦卡蒙（埃及法老名）木乃伊的封闭器内。从某种程度上来说，阿兹特克（墨西哥湾的古文明人种）雨神拉洛克由两条盘绕的响尾蛇组成，两条蛇的头部连在一起，形成了拉洛克的上唇。鳞文寇特蛇是诸多阿兹特克神名中的一部分；夸特里姑是对蛇类和人极具威胁的喀迈拉（古希腊故事中狮头、羊身、蛇尾的吐火怪物）；太阳之蛇是掌管婴孩出生和人类母亲的女神。每隔52年，人们就会在绿宝石之蛇——火蛇之躯上重新燃火，以纪念阿兹特克宗教教历中的主要事件。羽蛇神，人头蛇身，蛇身用羽毛装饰，是白昼和黑夜之神，也是死亡和复活之神。阿兹特克人相信，是羽蛇神发明了日历和书写。

　　蛇能够激发大多数人强烈的恐惧反应，但我们对其他许多的植物和动物也不寒而栗。在人类历史长河中，其他有机体引发的人类伤亡也值得关注。但我们对其他有机体作出的反应十分错综复杂，这是由于我们从中也大有获益。想要了解人类为何惧怕这些有机体吗？让我们更为细致地探讨其他动植物对人类造成的威胁吧。

大大小小的危险

植物和动物为我们提供食物、纤维、燃料、运输和保护，但其中一些动植物可能极具危险。植物扎根于一个地点，除非我们主动摄取植物，它们对人类几乎不构成威胁。但其他动物造成的威胁则数不胜数。它们可随处移动，行动诡秘，并善用伪装来隐匿自身不被察觉。动物可以是捕食者，也可能是寄生虫，即使人类自身也是肉食动物，被污染的肉类也会招致疾病。动物所造成的威胁程度可能取决于其目前的状态。我们需要担心的是一头饥饿难耐的狮子，而不是一头方才吞食斑马、已然饱餐一顿的狮子。

危险的有机体大小不等，从大象、巨型收缩蛇到蝎子和蜘蛛，再到不可视的、肉眼不可见的、招致疾病的细菌、真菌和病毒。然而，那些不会对人类造成伤害的动物，如苍蝇、跳蚤、虱子和蚊子，却会传播疾病。直至17世纪，人类才知晓微生物的存在。一个世纪前，我们尚且对微生物会引发疾病这一事实一无所知，因此，我们并没有经历对微生物产生恐惧的进化过程。然而，当我们看到与病原体相关的东西时，如溃烂化脓的伤口、腐烂变质的肉、尸体和排泄物，我们的确会产生厌恶之情。

荆棘、动物头上的角和
具有尖锐牙齿的有机体

　　足以对成年人类构成威胁的大型捕食者具有大而尖锐的牙齿和爪子。许多大型食草类哺乳动物具有尖角、鹿角或蹄脚。它们利用各种角在追逐配偶的性斗争中取得胜利；也会利用角来对抗袭击的猎人。许多物种具有能够夸大其武器尺寸的面部特征。一些植物具有尖锐、有穿透力的刺。我们有规避与这些有机体接触的动机，但同时也应当知晓并记住它们的所处位置。和面对其他具有潜在危险性的事物一样，我们既深感恐惧，又备受吸引。人类对长而尖锐的牙齿心怀恐惧。许多雄性灵长类动物都长有突出的尖牙，用来威胁和打击敌人与竞争对手。尽管人类的雄性祖先很久之前早已不具备突出的尖牙，德古拉传说依然能够激发人们内心的恐惧。

对尖形物体的反应

　　我们对尖形的物体具有强烈的反应，其中既有积极反应，也有消极反应。非洲热带稀树草原上遍布着长满了带有尖刺的植物，其中橄榄科没药树和金合欢的大多数物种占据了广阔区域，这些植物的刺可以刺穿我们的皮肤、脚和眼睛。我们要对这些植物多加留意，尤其是在快速穿越草原时，以减少我们受伤的机会。

理查德·克罗斯拍摄了步行者和慢跑者经过加利福尼亚大学戴维斯分校植物园一条小径两侧植物时的影像。"刺激性植物",俗名为"西班牙匕首"(又称之为"凤尾丝兰"),具有长长的、匕首状的叶子,叶子从中心茎干向四方伸展。"安全性植物"是一种大小相似、圆叶子的紫薇(细叶紫薇)。克罗斯在实验中对植物进行挪移,改变了其生长位置。按照预期,我们本以为这些步行者和慢跑者会避开"西班牙匕首"这种刺激性植物,但他们都倾向于选择"西班牙匕首"挪移后所在位置的那侧小径,当他们路过时,这种植物近在咫尺。针对此种令人惊讶的结果,克罗斯表示,对"西班牙匕首"多加留意,可能有助于慢跑者记住其所在位置,减少将来再次遇见其的概率。

早期的人类学会了破碎岩石,以制造用于切割、刮削和打磨武器的薄片和铁芯。这些尖形的物体大有价值,因此,我们的祖先应该在经历进化的过程后,能够发现其对人类的吸引力。克罗斯通过记录人们对尖形和圆形黑色轮廓的反应来检验这一预测的准确性。人们认为尖形比圆形更为危险,同时也更具吸引力。

由于尖形具有美学上的吸引力,但同时又能激发人类的警惕心理和恐惧情感,我们期望尖形能够在艺术和设计中独树一帜,突显其魅力所在。它们的魅力也确实得以突显!在雕塑、图解设计和神龛中，尖形的物体无处不在。它们被用于增加人物角色在戏剧和舞蹈中的攻击性表现。人们认为，在寺庙和中世纪大教堂里，装饰性的人物之所以被设计为具有张开的嘴和突出牙齿的形象，是出于驱除邪恶的目的。

我们对尖形物体产生强烈反应的另一个原因可能在于，处于愤怒情绪之中时，人类脸庞上的眉毛、两颊、下巴和下颌呈现出类似于倒立向下 V 字形的角度。而处于快乐情绪之中时，人类脸庞上的两颊、眼睛和嘴巴呈现出圆形曲线。与直立向上的 V 字形相比，简单倒立的 V 字形能够更强烈地触发多处大脑区域被激活。与发现直立向上的 V 字形相比，我们能够更快速地在其他形状集合之中发现倒立向下的 V 字形。只有采用进化论的方法的研究者，才能想到要对此种预测进行检验，或者设想出令人惊讶的结果。

美洲豹的斑点

大型斑点猫科动物捕食灵长类动物已有数千年之久。即使在今天，非洲和印度次大陆上的美洲豹依然会导致许多人丧命于此。只有七个月大的婴儿对美洲豹的花纹尤为着迷。在日托机构里开展的一系列实验中，婴儿和蹒跚学步的小孩被允许触摸四个轻质塑料罐。每个罐头的内部和底面包裹着印有满是豹纹、巨蟒纹或鳞片的橙黄色纸张。孩子们用手指戳印有巨蟒和豹纹图案罐头的频率远远高于用手指戳普通罐头和格子纹罐头的频率。理查德·克罗斯将孩子用手指戳罐头的行为解释为一种调查行为，因为如若罐头翻转向下，他们会立即停止触摸这些罐头。

关注大型猫科动物所获得的益处可能是我们对其皮毛着迷和感兴趣的原因。根据记载，最初将斑点豹的皮毛作为衣物使用的是来自于早期新石器时代的猎人以及加泰土丘村落中身材高大的个体。一些群体依然将斑点豹皮毛的着装和尊贵的社会地位联系在一起。如今，斑点猫科动物的皮毛是如此价值不菲，仅仅一件雪豹毛皮的价值就高达 6 万美元，以至于非法偷猎已经威胁到某些物种的生存。

眼睛——它看见你了吗？

大多数被捕食动物的眼睛都位于头部两侧，这使得它们能够发现从后面悄无声息靠近的捕食者。另一方面，大部分捕食者的眼睛都位于头部前面。前视的眼睛使它们能够更轻而易举地发现和追踪猎物。

在不断实施的研究之中，在诸多物种中，科学家们发现，许多动物对眼睛和眼睛的形状特别留意。狒猴具有特殊的神经系统，有助于识别前视的两只眼睛。如若能看到脸上的眼睛，野生猕猴就能够更好地识别豹子。人类新生儿通过转动头部，对前视的两只眼睛作出反应。即使是缺乏头部控制的婴儿，也能够通过缩回头颈的动作作出反应。36 周大的早产儿和陌生人进行眼神接触时，会通过身体变得僵硬和避开眼神接触来作出反应。

通过观察其面部特征，我们能够轻而易举地发现脊椎动物的藏身之地，尤其是哺乳动物，并对其意图进行评估。我们也会对眼状符号作出反应，如公牛的眼睛。设计为两个同心磁盘的汽车尾灯比其他尾灯更能引起强烈的生理唤醒（皮肤电传导和瞳孔扩张）。

朋友抑或是敌人？评估他人的意图

纵观人类历史，我们对家族以外、部落之外的人心怀疑虑，并不信任。尽管研究表明，如今暴力大多数出自我们所熟知的人之手。尽管我们都是 20 万年前共同祖先的后代，但我们依然对那些视之为"他人"的人心怀恐惧，认为陌生人会伤害我们。这究竟是为什么呢？在很长一段时间内里，家族之外的原始人类很可能形成小队，对我们进行突袭。

一旦孩子们能够独立行动后，他们就会对陌生人产生恐惧心理。为了评估他人的意图，我们观察身体的各个部位，但脸部特征尤其具有揭示意义。人类的脸部具有不同寻常的复杂的肌肉组织和神经支配。面部肌肉与其他大多数肌肉的区别在于，处于运动状态的是皮肤而非骨骼。大约有 20 块肌肉产生具有心理意义的面部表情。达尔文清楚地认识到，人类面部设计的特征表明，它已经进化为对社会信号进行交流的方式。大多数灵长类动物的面部表情与我们的面部表情十分相似。

正如我们所见，只有当信号对发出信号者和接收者都有益时，信号才能发生进化。面部表情就符合这一要求。我们都能从侦测面部细微线索的能力中获益。同样地，我们也能够从提供关于未来行为的错误信息中获益。勃然大怒的男性比怒气冲冲的女性更具危险性。我们无法得知，在进化过程中，雄性攻击婴儿的频率有多高，但许多雄性哺乳动物确实会对婴儿发动攻击。大多数攻击发生于陌生的雄性驱逐某个社会群体中占据主导地位的雄性居民的情境之下。通过杀死婴儿，它们可以诱导哺乳期的女性快速发情。毋庸置疑的一点是，对陌生人的恐惧深深根植于人类的进化过程中。

因此，男性对勃然大怒的男性的反应应该比对怒气冲冲的女性的反应更为强烈。实验证实了这一推断。婴儿对男性的恐惧远超过对女性的恐惧。这些结果并非由身高差异所引发，因为高个子女性并不会像男性那样引发恐惧。面部的毛发特征也无法解释这些结果，父亲留胡子的婴儿和父亲没有胡子的婴儿一样，它们都对长胡子的男性心怀恐惧。

对陌生人的恐惧在婴儿七个月大的时候发展酝酿，在一岁左右达到巅峰，一直持续到两岁。直到几个月后婴儿能够辨别熟识的人和陌生人，其对陌生人的恐惧才开始发展酝酿。在婴儿开始学习爬行之前，他们不太可能在没有母亲陪伴的情况下与陌生人进行接触。从生态学和进化视角来看，此种发展"差距"具有深远意义。

危机四伏的世界

许多物质风险因素是地形景观的永久特征，为了规避伤害或更糟的情况，我们需要牢记悬崖、瀑布、激流和其他危险特征的位置。从进化视角来看，人们应该有学习和记住危险特征所在位置的动机。毋庸置疑的是，我们的祖先将这些相关知识储存在心理地图上，并利用这张心理地图来规划未来的狩猎和觅食探险或战争。我们应该有动力去近距离接近这些危险特征，观察它们是多么危险、它们在危险的情况下是否能够提供任何回报以及我们应该如何以最好的方式回应它们。这可以解释我们对瀑布和悬崖的迷恋，以及为什么我们喜欢接近它们，但不能靠得太近。美国的大多数国家公园都建立在雄奇壮观但具有潜在危险的地质特征周围。

　　我们的大脑甚至可能夸大危险，以防我们接收不到信息。我们之所以会对一些危险作出强烈而迅速的反应，是由于我们对危险的感知是膨胀的。考虑一下崎岖不平的地面带来的危险吧！当我们路过垂直变化小于一米、凹凸不平的区域时，可能会摔倒在地。一趟简单的旅行会导致损伤，使我们行走不便。只有从一两米高处跌倒才会造成严重的损伤。当我们的祖先在追捕猎物或从敌人手中逃脱时，或为了满足其能量需求而必须踏上征程跋涉时，这些风险就显得尤为重要。即使摔倒不会使人丧生，它也可能造成严重的后果，受伤的人被留在原地束手无策，面临着被捕食者攻击的危险，或者无法找寻到充足的食物。正如我们所预期的，人类的知觉系统将垂直表面的不规则性放大，看起来比实际更不规则。

　　我们还应该对那些预示着不同寻常的事情即将发生的信号多加留意：嘈杂的噪声、强烈的振动或闪光。许多自然灾害和其他危险事件伴随而来的或在其发生之前都会有嘈杂的噪声。我们关注着雷声、树木倒塌或岩石滑动的声音。对嘈杂的噪声和亮光（与雷电相关）的恐惧出现于婴儿时期。当他们六岁时，孩子们惧怕的事物更多，如地震、火、惊雷、闪电和深水，都会激发其恐惧心理。此类事件应该引起我们立即关注，因为启动及时反应的时间可能极为短暂，然而，想要确定引发噪声的原因、位置并对此作出恰当的反应，通常来说认知是十分必要的。

水引发的危险

在世界上所有的物理特征中，水是最多变的。海啸和洪水会在毫无预兆的前提下席卷而来。人们瞬间就被淹没在海浪和激流之中，杳无踪迹。激流会切断通往陆地的通道，使我们陷入困境无法自救。甚至如瀑布、激流和深湖这些地形景观的永久特征，都可能酝酿着危险。

我们对水心怀恐惧的原因多不可数，但我们需要日常饮水，且湖泊和河流能够为我们提供丰富的食物来源，因此，水对我们也具有吸引力。正如我们将在第六章中讨论的，我们确实深受水的吸引。我们在河流、湖泊和海洋上悠闲度假。景观设计师竭尽全力增加水资源在公园和园林中的设置。我们花费更多的钱购买临水而建或观水观景的房子。

我们对水喜忧参半的反应造成的结果是：我们深受水的吸引，但同时又与水的危险特征保持安全距离。我们站在足够近的距离观赏瀑布，但此种距离不足以引发重大风险。

光和影

对于我们的祖先和其他昼行性灵长类动物而言，夜晚是危机四伏的时刻。在夜行性灵长类动物开始在白昼中活跃后不久，我们祖先就进化出对黑暗的恐惧心理。狒狒幼崽生来就惧怕摔倒和黑暗。我们的视觉系统经过进化，能够在白天识别颜色，但在微弱的光线下功能发挥不佳。许多危险的捕食者（土狼、大型猫科动物、野狗和蛇）却主要在夜间进行狩猎活动。我们的祖先，每日长途跋涉于狩猎和食物采集，可能经常发现自己在黄昏时分居无定所。落日就是一个强烈的信号，提醒他们在夜幕降临前返回到安全的地方。夜晚的阴影也提供了一个短暂的时间段，与白天的其他时间段相比，我们的祖先在这段时间内更易于感知深度。

因此，暗示即将降临的黑暗的线索——落日和拉长的光影，应该对人类极具极大的激励作用。它们的确能够产生激励作用，但我们对日落的反应取决于我们所处的位置，是靠近或身处一个安全场所还是处于一个极为危险的暴露环境之中。日出几乎无需我们作出紧急反应。通常来说，如若我们处于清醒状态，从度过夜晚的庇护所观赏日出。我们会发现，日出时光线会增强，这预示着接下来很长时间内的良好能见度。

艺术家们显然能够直观地理解这一点，因为在日落和日出的画作中，他们将人安置在不同的恰当位置上。在设计用来激发人类愉悦感的画作中，描绘日落画作中的人比描绘日出画作中的人更接近庇护所。为了引发人类在日落时分的宁静感，风景画家通常会将位置显著、易于抵达的庇护所纳入绘画场景之中，通往庇护所的道路通常也得以突显。艺术家甚至可能违反物理法则来突显庇护所：太阳落山后，阳光可能会从窗户上折射回来。

火：一种神秘的危险之物

对于我们的祖先来说，火一定是某种神秘之物。他们可能知晓闪电引发火（在我们祖先居住的环境中，闪电引发火的情形屡见不鲜），但他们无从得知为什么物体会燃烧，或者当物体燃烧时，究竟发生了什么。神话不可避免地围绕着像火一样的事物展开。举个例子，对于古希腊人来说，火种是泰坦神族普罗米修斯将茴香树的枝条插进太阳车的烈焰之中，从诸神处偷取而来送至人间的。

使用火是人类历史上的重要事件之一，但要做到这一点，我们的祖先必须克服对火的恐惧。他们可能注意到，近期被火灼烧的区域吸引来食草的哺乳动物，它们在此处大快朵颐，享受着营养丰富的青草带来的味觉盛宴。在探索近期被火灼烧的区域时，它们可能已经吞食了所发现的被烧焦的动物尸体，痛快地食用美味可口的大餐。考古学家已然发现了人类祖先广泛使用火的证据，这些火可以对营养丰富的新鲜青草的生长位置产生影响，保护自身免受捕食者的侵害在夜晚保持温暖、准备皮囊、制作陶器，并烹饪食物。原始人类在至少 30 万年前，可能是 100 万年前就开始驯化火种。火成为我们祖先用于操控环境的最重要的工具。当人们在热带高地和温带平原上拓展殖民地时，他们也随身携带火种。

恐惧随着年龄增长而发生变化

正如我们在第二章中所探讨的，我们生而具有尚未成熟的大脑。大猩猩和黑猩猩在怀孕期间完成大脑发育，但在人类婴儿出生后一年的时间里，人脑依然处于持续发育的状态。基因引导的神经回路持续发展超过十年。在我们的一生之中，甲基原子团被持续添加到脱氧核糖核酸碱基（DNA碱基）之中。当我们逐渐成熟时，它们会影响不同基因的开启和关闭。

因此，不同的年龄段会出现受基因影响的诸多行为。基因控制着我们说一种语言的能力，但我们并不期望孩子具有与生俱来说话的能力。年轻的女性和男性直到 10 岁之后，才具有性动机，并发育出成年人的身体特征（胸部、臀部、胡须、低沉的嗓音）。

尽管并不显著，儿童对环境的反应也表明，随着时间推移，儿童身体变得更为灵活，他们在进化过程中会遇到新空间、有机体、物体和新情境，因此，我们既面临着机遇，也迎接着挑战。随着年龄增长，当儿童遇到危险情境时，他们越发倾向于远离成年人。当儿童成长到足以探索周围世界时，他们必须越发依赖自身的行为，他们几乎无法依赖成年人的庇护和协助。对于我们的原始人类祖先而言，只有当看护人位于触手可及的范围内时，哭喊声或求救信号才能发挥有效的效果，否则只会适得其反，可能会引来捕食者。自然选择本应导致神经程序，当某些事物开始构成危险时，此种神经程序会引发针对特定事物发展而来的恐惧反应。按照预期，我们希望受基因影响的行为首次出现于对我们祖先的后代大有裨益的体成熟时期。人类恐惧反应的演变符合这一预期。

新生儿会因巨大的声响、明亮的光线、快速或不规则的运动、隐隐闪现的物体和失去平衡而哭泣或表现出其他的痛苦迹象。在 6 个月到 8 个月大期间，婴儿具有良好的视力，他们能够遥遥指向许多位于远方的物体（汽车、鸟、飞机）。在 1 岁到 3 岁期间，孩子们在清醒的时候，将大部分时间都花费在与近在咫尺的物体互动上，此种行为可能能够减少其神志恍惚的倾向。

隐隐闪现的物体和突如其来的运动可能会引起危险动物的靠近。大约从 7 个月开始，婴儿展现出对这些刺激的恐惧反应。对蜘蛛的恐惧开始于 3 岁半左右，并持续贯彻于整个童年时期，6 到 8 岁大的儿童比 9 到 12 岁的儿童更害怕"虫子"。儿童在能够独立活动后不久就会对初次离开母亲身边、可能遇到的小动物产生恐惧心理。直到四岁之后，儿童才会对大型动物产生恐惧心理。但据观察，只有两岁大的孩子也表现出对狗的恐惧。大约 10 岁之后，儿童的社会恐惧反应更为凸显，对大型动物的恐惧逐渐减弱。

对某些事物和情境感到恐惧是正常合理的反应。事实上，正如我们所见，大多数激发我们恐惧感的有机体确实会让我们的祖先陷入危险。但许多人对不同的情境怀有深刻的恐惧，甚至是那些不构成危险的虚幻情景，人们也避之唯恐不及。我们将这些明显的非理性恐惧称为"恐惧症"。心理学家识别出诸多不同类型的恐惧症：自然恐惧症、动物恐惧症，以及社交恐惧症。进化论的观点有助于解释我们为何具有这些显而易见却不合常理的恐惧症状。

当恐惧演变为恐惧症

当觉察到危险时，我们可能会犯两种错误：当面临真实危险时，我们可能无法对此做出反应；或者当危险并不存在时，我们却假定危险确实存在。犯这两种错误所付出的代价有着天壤之别。一项错误的否定（无法对草丛中的狮子这一危险情境作出反应）比一项错误的肯定（对草丛中无害的风声这一情境作出过度反应）付出的代价更为巨大。第一个错误可能是致命的错误；而第二个错误通常只是耗费了一点儿时间和精力。这可以解释我们为何具有所谓的消极偏见。换言之，与被受益所吸引相比，我们更不乐意遭受损失。消极刺激会导致我们血压升高和心率加快。我们所拥有的消极情感远远超过积极情感，在英语中，我们使用更多的词语来形容痛苦的感觉，而非愉悦的情绪。我们对威胁和不愉快事件的反应远比对积极机会和愉悦情境的反应更快。一旦觉察到危险，采取快速规避的行动，哪怕有时是错误的行动，也好过拖延并造成无法挽回的严重错误！这些行为反应以及人类其他许多的心理和行为特征都是经过深度进化在时间长河中留下的遗痕，是我们的祖先在追寻食物、避免成为其他动物的瓮中之鳖的生活回声。人类祖先作出的斗争在我们的大脑中留下了消极印记。

心理学家，尤其是瑞典和挪威的心理学家，实施了具有想象力的实验，展示了人类是如何获得和维持恐惧和恐惧症的。大多数实验都采用了瑞典心理学家阿恩·欧曼提出的方法。首先，研究人员通过显示恐惧刺激（蛇或蜘蛛）或中性刺激（几何图形），佐以电击来模拟叮咬动作，以激发防御反应。接着，他们反复呈现此类相同的刺激，但不佐以电击辅助，并对与恐惧相关的刺激和中性刺激的平均反应下降率进行测量。与恐惧－中性刺激相比，人们通常更快速地获得与恐惧相关的刺激；当不再强化反应时，人们对蛇和蜘蛛的反应总是比对中性刺激的反应持续更长的时间。

为了检测实验所得出的结果是否归因于文化强化，研究人员将人们对蛇和蜘蛛的反应，与人们对更具危险的、极受文化制约的现代刺激，如手枪和磨损的电线作出的反应进行对比。结果显示，人们对现代危险刺激的厌恶反应比人们对蛇和蜘蛛的反应消失的速度更快。仅仅通过被告知即将受到电击，个体可能就会对引发恐惧的自然刺激产生厌恶反应。然而，个体对中性自然刺激的反应则不会通过此种方式被激发。仅仅通过观看一位演员假装对引发恐惧的一系列刺激（蛇、蜘蛛、老鼠）或中性自然刺激（浆果）产生恐惧反应，我们也会切身体会到恐惧的感觉。但是，当人们看到他人对恐惧刺激的反应时，他们会获得比看到他人对中性刺激的反应更为持久的厌恶反应。猕猴对恐惧刺激（玩具蛇和玩具鳄鱼）和中性刺激（玩具兔子）的反应几乎与我们的反应一模一样。

更引人注目的是"后向掩蔽"实验的结果。研究人员向受试者展示了一系列的幻灯片，在 15 ～ 30 毫秒之后，前一张幻灯片即被下一张幻灯片"掩蔽"。受试者没有意识到观看的是刺激幻灯片，但包含蛇或蜘蛛的幻灯片会引发大多数人的厌恶反应。

结果显示，即使我们没有意识到看见了威胁性的刺激物体，厌恶反应依然会被激发。但我们不会对中性反应或与恐惧无关的刺激作出此种反应。文化或习得假说无法对这些显著性结果作出解释，但此种假说具有适应性意义。对双胞胎的研究表明，恐惧症具有遗传基础。与非双胞胎的兄弟姐妹对创伤事件，如狗咬伤和对开阔空间的恐惧相比，双胞胎对创伤事件的反应更为相似。

对危险的情境和物体特别留意并保持警惕，会使我们的祖先受益终身。其中一些危险事件和物体仍然是当今世界存在的危险来源，但许多事件和物体的危险性已然随着时间消散。现代世界充斥着人类祖先无法想象到的危险。在本书中的最后一章中，我们将重新审视，在试图调整曾适合非洲热带稀树草原的思维以适应现代科技社会生活时所面临的诸多挑战。

第六章

安顿和定居

　　两位因持有不同政见而投奔美国的俄裔艺术家，维塔
利·科马尔和亚历山大·梅拉米德，委托一家市场调研公司
实施一项调查，以评估美国成年人对视觉艺术的态度和偏
好。民意调研员对大约一千名群众作出了诸如以下询问：

　　如果要将一种颜色认定为你最喜欢的颜色，假如你想要
在画作中突显这一颜色的色调，也可能会考虑为家居装修购
买此种颜色的涂料，你会选择哪种颜色呢？
　　当你为家居挑选图片、照片或其他类型的艺术品时，你
更倾向于选择现代风格还是传统风格呢？
　　很多人发现他们喜爱的许多画作都具有相似的特征或主

题。就拿动物来说吧。从整体上来看，你会选择观赏野生动物的画作，比如狮子、长颈鹿或鹿，还是选择观赏家畜的画作呢？

民意调查员就以下问题询问受访者，他们倾向于选择自然画作还是肖像画作，室内场景还是室外场景，几何图案还是随机图案，平面纹理的表面还是纹理丰富的表面，尖角还是柔和曲线。

科马尔和梅拉米德认同了这一调查结果，并将受访者最喜爱的特征融入到一幅风景画中，即《美国最受欢迎的景色》。类似于热带稀树草原的地形景观以水（一片平静的湖）为主景，背景是缓坡的小山，左侧是树木繁茂的悬崖。如若陷入突发危险之中，人们能够轻而易举地攀爬到最为显著的树木之上。湖的浅滩处站立着两只鹿，这意味着能够为动物提供绝佳的食物来源。此场景的主角是处于最佳生育年龄的三位年轻人以及一位长者——乔治·华盛顿。

科马尔和梅拉米德在其他九个国家：俄罗斯、乌克兰、法国、芬兰、丹麦、冰岛、土耳其、肯尼亚和中国进行了对比调查，得到了相似的结果。针对在这些国家中实施调查的结果，他们也对"最受欢迎的"景色进行了描绘。这九幅针对不同国家的画作与《美国最受欢迎的景色》具有惊人的相似之处。所有"最受欢迎的"画作都显示了具有水源的热带稀树草原、易于攀爬的树木、快乐愉悦的人们以及大型哺乳动物。绝大多数情况下，人们倾向于选择栩栩如生的、用混合颜料顺滑勾勒描绘出的室外景色的画作。他们既喜欢野生动物和家畜，也对自然状态下悠闲随意姿态的人物形象尤其是儿童和女性，情有独钟。熟识的历史人物同样具有积极的影响力。有趣的是，正如艺术理论家埃伦·迪萨纳亚克所指出的，无论是艺术家，还是与调查相关的人士，似乎都对环境美学的研究有所了解。

受访者被问及他们想要挂在家里、能够让他们欣赏回味的画作。他们可能会无意识地进行想象，将自己置身于图片环境之中。他们正在对适合我们所构建框架中探索阶段的情形进行评估。

简·奥斯汀并非进化生物学家，但正如其在 1811 年所著小说《理智与情感》一书中所展示的，她清楚地了解人们对即将生活的环境是如何反应的。

他们是怀着郁郁寡欢的心绪踏上旅程的。旅程的初始阶段显得单调乏味又令人兴味索然。但当他们逐渐接近目的地时，他们对即将定居的国家的期待开始显现出来，之前的沮丧之情一扫而空。映入眼帘的是巴顿山谷，他们为眼前之景欢呼雀跃。此地风景宜人、土地肥沃、树木繁茂、牧草丰盛。沿着蜿蜒的山谷向前走上一英里多路，他们抵达了自己的家园……

房屋的位置得天独厚。紧靠屋后，是高高耸起的山丘；左右相隔不远，也有峰峦依傍；群山之中，一些是开阔的丘陵地，另一些则适宜耕种、树林阴翳。巴顿村主要坐落于其中一座山丘之上，从乡舍窗口举目远眺，如诗如画的美景尽收眼底。房舍正面的景致尤为开阔，从此处望去，整个山谷的景象一览无余，目之所及，延展至远处乡间，一望无际。山谷绵延到乡舍跟前，终于被三面环抱的山峦截断；但是在两座最陡峭的山峦之间，沿另一方向，岔出一条另有名目的支谷。

达什伍德母女在遗产继承中失去了庄园，被迫搬离原有住所。她们不得不接受一位亲戚的恩惠施舍，即提供一间小屋供她们遮风挡雨，并且学会接受自身处于更为低下的社会和经济地位的现实。这些女人与欧洲城市内的游客不同，游客们喜欢探索铺就鹅卵石的街道、小巷和街角、拥挤的房屋和古雅的商店，但很少考虑真正定居于此处的情景如何，而达什伍德母女会思考此处地形是否适合居住。

正如我们在第四章中所探讨的，在探索区域的第二阶段，个体收集到更多关于资源的信息。此种探索可能持续许多时日。在探索阶段，可能占据我们注意力的环境特征主要是那些预示该地域资源潜力和探索安全性的特征。

科马尔和梅拉米德利用调查来确定，并通过画作来印证各种各样现代社会中人们对地形景观选择的偏好。在本章中，由于画作（和图片）可以用多种方式进行分析，我也会利用绘画进行阐释。每一幅画作（和图片）都能够告诉我们一些不同的事情，比如我们如何对居住的环境进行评估以及我们如何、为何对环境进行修改完善。画作揭示我们对地形景观偏爱的主要方式之一是通过对植被进行描绘。人类对植被进行巧妙处理有诸多目的，通常是出于实用性的目的，如清除林地为定居或道路让路，将荒地变为农田或维持适合各类体育运动的表面外观。这些实用性环境可能具有美学吸引力，但它们的设计并非由美学所驱动而成。作曲家可能会滔滔不绝地描述谷物连绵起伏的土地，但我们是从农田、牧场、果园和林地的混合农业地形景观中，而非从观察特定的植物中获得审美愉悦的。

对植被的其他改动设计是为了赏心悦目、唤醒爱国之情或为人们沉浸于冥想或悲伤情绪提供一处私密空间。公园、园林和墓地应该比实用性环境更能反映出我们基于进化而衍生的选择偏好，因为我们将其设计为让人们安静愉悦地消磨时间的场所。它们的设计特征应该能够吸引人们进行探索，并定居于此。这些场所的设计构思差异能够映射出我们对居住场所的偏好。我们无法真实地踏进图片或画作中的地形场景，但我们的确能够在公园和园林中寻求片刻的闲暇与欢愉。

在以下章节中，我提出假设，景观设计师通过美化地形景观来赢得客户的欣赏并留住客户，而艺术家美化地形景观则出于想要出售画作的愿望。市政领导可能也希望建设公园、绿地和公共园林等设施，以提升社区的美学感染力。

想象一下，在一个天气晴朗日子里，我们身处纽约中央公园。公园里人山人海，人们在散步、慢跑、观看小鸟、溜冰、玩耍模型船只、坐在长凳和毯子上休憩。中央公园由弗雷德里克·劳·奥姆斯特德和卡尔弗特·沃克斯共同设计而成，看似与自然浑然一体，实则几乎全靠景观美化巧夺天工。在其诸多重要特色之中，有几处看似自然而成，但由人工雕砌而成湖泊和池塘、宽阔的步行小道、跑马道、两个溜冰场、中央公园动物园、中央公园温室园林、野生动物保护区、大型自然森林区、室外圆形剧场、七处主要草坪以及许多小型绿地。每个人都能够从中受益，因此，中央公园里游客络绎不绝，也就不足为奇了。

现在想象一下，我们的一些远祖穿越时光隧道，被送到中央公园里。他们会如何对此处的地形景观作出反应呢？为了帮助我们思考他们会作出的反应，我们将利用两种进化理论即热带稀树草原假说和了望－庇护理论，这两种理论是专门用于预测我们对地形景观产生的反应的。我于1978年提出热带稀树草原假说，认为生长于资源充沛的热带稀树草原上的植物应该引发我们的特别关注，这是由于如若对这些植物作出积极反应，我们的祖先就可以定居在有利于生存和成功繁衍后代的场所。

英国景观理论家杰伊·阿普尔顿提出了了望 – 庇护理论。他认为，我们通过寻找安全探索的方法，进而决定如何对陌生的地形景观进行评估。该理论表明，在将自身暴露于最小风险之下的同时，我们应该选择能够让我们获取关于环境最多信息量的途径。阿普尔顿在该理论中还作出预测，如若艺术家希望其设计的地形景观引人入胜，他们应该描绘一条确保人类安全无虞地抵达庇护所的路径。此路径还需视野开阔，风景优美。

因此，我们的祖先可能通过关注树木的形状、地形景观模式和水的迹象，对中央园林进行直观的评估。如若他们在初始阶段认为这个公园值得探索，接下来他们会决定如何在安全无虞的情况下穿过公园，以便于在了解公园的基础上再作出决定是否要定居此处。换言之，如若我们的祖先突然发现自己身处中央公园，他们很可能作出和我们相同的反应。

我们不会使用中央公园来检测这些预测的准确性，但其他的公园和园林可以作为模型，我们能够从中窥测一二。热带稀树草原假说认为，在我们生活在温带、北方和北极环境中相对较短的时间内，我们对地形景观模式和树木形状的偏好是相对稳定不变的。在资源充沛的热带稀树草原中的优势树种通常是阔叶林而非乔木、林冠更为宽广而非细长、长有小复叶，树干相对于树木高度来说较为低矮。沿着流经热带稀树草原的河流生长的树木更高更窄，树干伸向苍穹，很少劈裂靠近地面。在更为干涸、较为贫瘠的栖息地中，许多树木种类都更为低矮，且具有多个树干。我们的审美反应应该能够反映出树木提供的丰富资源（食物、荫蔽、安全）以及树木所提供的关于环境质量的信息。

我们将对热带稀树草原假说的预测进行检测，以找出哪些树木形状对于我们最具吸引力。如若我们的审美偏好反映了热带稀树草原的祖先起源，我们应该能够发现，与那些在资源充沛的热带稀树草原上的优势树种类似的树木尤其引人注目。园艺家应该对此情有独钟，并热衷于栽培种植此种树木。此外，通过修剪和选择具有类似于热带稀树草原上树木形状的突变体，他们使其他的树木和灌木更具有热带稀树草原上的树木风情。

同样，公园和园林的设计应该类似于非洲热带稀树草原上的植被。在世界各地大小不一的园林里，情况都是如此。在公园里，树木和灌木星罗棋布，蔓草丛生。园艺家煞费苦心，通过建造喷泉、池塘和倒影池来创造水景或水的视觉假象，并提高现有饮用水和娱乐用水资源的质量和数量。

通过观察从某一特定地方观赏的园林以及分析风景画的结构，我们将检测对陌生环境反应的预测。通过研究人们所观赏的园林结构，我们还将检测人们在栖息地选择的探索阶段作出的反应，但在我们检测这些预测内容之前，让我们先对历史渊源探索一番吧！

在早期的风景画作中，树木的形状已然清晰可见。圣托里尼的微型壁画，可以追溯至公元前 1700 年左右，展示了一幅树木疏落有致的山川景致。我们无法从中识别树种，但它们具有热带稀树草原上树木的生长形态。马其顿王国（古代巴尔干半岛中部的奴隶制国家）菲利普二世（于公元前336 年溘然长逝）陵墓上装饰着一幅壁画，描绘了国王在山丘起伏的热带稀树草原上以长矛攻击狮子的场景。场景中的树木——山毛榉清晰可辨，树高参天，树冠扩展，与艺术家所熟知的马其顿森林中的高耸的山毛榉差异甚大。

中世纪的园林是我们首先具备具体信息的园林，主要分为两种类型：草本植物园林，为种植食用植物而设计与为娱乐场所所设计，被称为"果园"与"游乐园"。大多数娱乐园林被围墙所环绕，并建有遮蔽的凹室，在冬日里阳光也能够照射入内。园林里也搭建着被果树、藤蔓和攀援类观赏灌木所荫蔽的藤架。许多园林里还有人造山，山上搭建了座位、亭子或其他结构。塔楼通常建于土丘或自然山体之上，能够提供更为开阔的视野。

尽管审美考虑驱使着人们设计"游乐园"的原因和方式，其他因素也同样重要。对大面积的土地进行改造完善的代价十分昂贵。大型公园只能由富有的土地所有者或政府所建造。风景园林的结构也反映了安全水平。大型公园和园林主要建造于尚无敌人入侵的安全时期。可利用的植物种类、植物或结构所表征的社会理念和符号以及社会对自然的态度也影响着园林和公园的建造形式。

形似热带稀树草原的日式园林

园林尤其是日式园林，在检验热带稀树草原假说中能够起到事半功倍的效果，这是由于日本园艺家为了呈现植物形状之美，对许多木本植物进行修剪。他们还选择并使用许多经过基因改造的木本植物。从 8 世纪到 13 世纪，园林是装点宅邸、皇室宫殿和贵族别墅的必备之物。园林面积宽阔，花木扶疏，潺潺小溪汇入池塘和湖泊，其中一些池塘和湖泊足够容纳小型船只。这些园林是为了少数富人娱乐享受而修建。

早期的日本园林已然不复存在，但紫式部（日本平安时代女作家，中古三十六歌仙之一）在其所作文学巨著《源氏物语》一书中对平安时代（794—1185）的园林进行了生动的描绘：

各处原有的池塘与假山，凡不称心者，均拆去重筑。流水的趣致与石山的姿态，面目一新。各区中一切景物，都按照各女主人的好尚而布置。例如：紫姬所居东南一区内，石山造得很高，池塘筑得很美。栽植无数春花，窗前种的是五叶松、红梅、樱花、紫藤、棠棣、踯躅等春花，布置巧妙，赏心悦目。其间又疏疏地杂植各种秋花……

秋好皇后所居的西南一区内，在原有的山上栽种浓色的红叶树，从远处导入清澄的泉水。欲使水声增大，建立许多岩石，使水流成瀑布，这就开辟成了广大的秋野。

禅宗的朴素辩证法则和静默哲学对后来日本的所有艺术形式都产生了影响，但园林依然保留着形似热带稀树草原的模式。它们在时间长河中显得越发素净雅致，在季节变迁中定格成瑰丽的永恒。园林中绿植遍布，荫蔽清凉。岩石和砾石成为园林的主要构造元素，灌木经常被修剪成类似岩石的形状。随着人口密度增长和土地价格上涨，小型园林开始受到人们的欢迎。

根据热带稀树草原假说，通常种植于园林中的树木，相对于高度来说，应该更为宽广、树干相对较短，与很少种植的树木相比，长有纹路更为密集的小叶子。作为日式园林中随处可见的两种树木——日本枫树（槭树）和橡树（栎树）是检验这些预测的绝佳方式。

在22种枫树树种中，有3种——紫花槭、日本荷根和棕榈树原产于日本，这三类树种在园林诸多植物中占据绝对优势。它们以自然的姿态向侧面生长，以在森林植被中寻求明亮的光斑。日本艺术家无需对它们进行修剪，它们已经自然长出类似热带稀树草原上的树木形状。我和我的妻子贝蒂所测量的野生棕榈树个体在主枝数量或相对于树冠高度的总高度上与园林中的树木并无差异。一些很少种植的树种也具有寻求光源的生长形态，但大多数很少种植的树种，相对于普遍种植的树种而言，其高度比宽度更长。它们与热带稀树草原上生长的树木并无相似之处。

尽管不是复叶，广泛种植于园林中的枫树叶上有 5 ～ 7 个裂片，裂片延伸至叶片中央，使枫树叶呈现出复叶的外观。非花种的植物叶子分裂较浅，11 个花种只有浅裂片叶，3 个花种的裂片叶穿透到叶片中部，还有 2 个花种长有无裂片小叶的复合叶片。

所有的 14 种日本橡树（栎树）都长有单叶，其中 8 种是常绿橡树，余下 6 种是落叶橡树。这些种类的橡树通常种植于园林之中，在树干伸展的主枝数量和高度（相对于树干的宽度或高度而言）上与非花种橡树并无差别。所有常见的植物都是小叶常绿树种。与之相反，大多数种类的橡树长有浅裂片大叶。与枫树不同，橡树被园艺家进行大幅度地修剪，因此与野生个体橡树相比，它们的体态更微小，树干上伸展出更多的树枝。

　　日式园林中广泛种植的针叶树的自然生长形态与热带稀树草原上的树木形状不同，但生长于海岸和山脊等被风吹拂地区的日本赤松与热带稀树草原上的树木十分相似。其中一处被风吹拂的地区位于大三岛的岩石海岸，此处是日本最负盛名的景点之一。对于园艺家而言，赤松灵活的生长形态极富吸引力。经过园艺家匠心独运的修剪，园林里种植的赤松在高度的映衬下，显得更为宽广，树干在靠近地面处分裂出旁支。赤松被修剪成不同的树冠层，像极了非洲热带稀树草原上的树木。

　　大多数的针叶树都是大树，只适宜种植在公园和大型园林，而非私人住宅中；而许多矮树品种已经被栽培和种植于小型园林和花盆之中，并被制作成盆景以供观赏。在被命名的58个栽培品种的针叶树中，有47种是矮生和半矮生品种，总计有超过200个被命名的栽培品种。在世界各地的公园和园林中，广泛种植着24种具有柱状或下垂树枝和桂枝的突变体。园艺家可能会费尽心思地寻求类似金合欢生长形态的突变体，但此种突变体极为罕见。

　　我们可以利用日本园林中种植最为广泛的枫树——掌叶槭品种，检验预测是否正确，即它们应该长有比野生枫树更深的裂片小叶。野生棕榈树品种的绿叶上有7个中等大小的深裂片叶。

　　维尔特里斯将栽培品种分组而论，即"掌状""解剖状""深裂状""线状"和"矮生状"。我记录了每一组栽培品种的裂片叶数量和深度。我按照 1～5 量表对裂片叶的深度进行评分,其中 1= 极浅裂片叶,3= 接近叶基部一半的裂片叶,5= 到达叶基部的裂片叶,此种树叶是有效复叶。"野生型"棕榈叶的裂片深度各不相同,但大多数棕榈叶的分值都在 2 和 3 之间波动。

突变体和野生型树树叶具有相同数量的裂片,除了"解剖状"组中的裂片极深,其叶片呈现出双复叶的形态;然而,裂片叶的深度增加了。如今,只有极少数栽培品种的树叶像野生棕榈树一般呈现出浅裂片叶的形态。超过半数的树叶都是到达叶基部的裂片叶,因此它们均呈现出复叶的形态(图 6.1)。

下垂或所谓蔓延形态的棕榈树被广泛种植于园林之中。所有的矮生品种的生长高度不超过一米。许多更高形态的品种为多茎植物,当其发育成熟时,其宽度要比高度更令人瞩目,并且形成枝条下垂的形态。仅仅基于维尔特里斯提供的信息,我无法对大多数品种的树叶大小进行充分评估,但矮生植物的叶子比野生棕榈树的叶子要小得多。

一般而言,这些变化与基于热带稀树草原假说作出的预测相一致。与野生植物相比,广泛种植的突变体的树干较短、叶片较小、分裂较深。经常种植于园林中的树种突变体是长有伸展树冠和小型复叶的小树,如同资源充沛的非洲热带稀

图 6.1

栽培品种中日本枫树的叶子。许多枫树品种长有深裂片叶，因此，它们实际上呈现出复叶的形态。

阿诺德植物园园艺图书馆提供。哈佛大学校长和研究员拍摄，藏于阿诺德植物园档案馆。

树草原上的优势树木一般。

热带稀树草原上的树木提供多重效益

除了预示资源丰富性外，热带稀树草原上的树木还能够提供安全庇护。

树干越接近地面，树木就越容易攀爬。茂密的大树能够提供清凉的荫蔽，但从树冠处进行勘察，其能见度却不甚理想。为了检测这些特征是否影响树木的吸引力，我和朱迪·黑尔瓦根记录了人们对金合欢（资源丰富的东非大草原上的一种常见物种）照片的反应。金合欢在 Safari 浏览器弹出的广告之中屡见不鲜。我们挑选了个体树木的不同照片，这些树木在高度 – 宽度比、树干分裂高度以及树冠分层程度等方面均存在差异。我们对这些照片进行分组，使一个类别（树干高度、树冠密度、树冠分层）存在差异，而其他类别保持相同。

我们要求参与者依据连续量表对每棵树进行评分：1—2 分为毫无吸引力，3—4 分为较有吸引力，5—6 分为非常具有吸引力。参与者可以对一棵树进行评分，比如说，3.6分而不是 3 分或 4 分。我们记录下 72 位进出华盛顿大学书店的人员和 30 位在华盛顿大学校园餐厅用餐的人员对树木照片的评分，参与者的年龄从 18 岁到 60 岁不等。我们主动接近并询问他们是否愿意填写一份关于树木在环境美学中所发挥作用的问卷。调查的相关说明如下："在随附的照片问卷中，我们请您对一些树木的相对吸引力程度进行评分。每页问卷上有 6 棵树的照片，每张照片下都标注有分级量表。圈出最符合你对这棵树吸引力程度观点的分数。"按照要求，参与者要在每页问卷上对树木照片进行评分，才能继续完成下一页，且一旦完成一页问卷，无法返回修改评分。

我们对四种假说进行了检验：（1）树干距离地面越近的树木比树干高高伸向苍穹的树木更具吸引力；（2）树冠密度中等的树木应该比树冠密度低或高的树木更具吸引力；（3）树冠层次高的树木应该比树冠层次低或中等的树木更具吸引力；（4）树冠相对于其高度越宽，其吸引力应该就越大。

正如我们所预测的，树干高度低、树冠分层和树冠宽广均对人们的评分产生积极的影响。然而，与我们的预测相反，树冠宽度—树冠高度比对一棵树的吸引力并无影响。我们无法评估树冠密度的影响，这是因为与原始"彩色照片"相比，在黑白照片问卷中，不同树木的树冠看起来更为相似，无法进行细化区分。

西方花园中的遗痕

　　西方园林也是我们评估热带稀树草原假说的丰富信息来源。西方园艺发源于中东，一个酷热炎暑之地。农业仅限于谷底，且依赖于春日山脉的冰雪融水实施灌溉，水资源十分稀缺且弥足珍贵。与山脉周围干旱的自然景观形成鲜明对比的是，波斯花园周围果树环抱、水流潺潺，绿洲之景美不胜收。波斯花园被设计为供人们席地而坐、躲避毒辣阳光的休憩场所。作为伊斯兰花园的典范，波斯花园向东延伸至印度，向西延伸至土耳其、北非和西班牙。

　　我们只有间接证据能够证明这些古代波斯花园的形态。其中一个证据来源是一条被称为"霍斯劳之春"的地毯，它由丝绸、黄金、白银和珠宝铺就而成，它显然代表着霍斯劳一世（意为"不朽的灵魂"，伊朗萨珊王朝最伟大的国王，531—579年在位）时期建造的春天花园。阿拉伯人于637年征战美索不达米亚城市泰西封时发现此园。据记载，春天花园长约137米、宽约27米。不幸的是，地毯被切割成碎片，作为战利品分发赠予了军队。在现存的波斯地毯上描绘的花园里有一小片锦簇花丛，花丛后面是更为宽阔、树木繁茂的林区。花园的主体部分被分为四个区域，由运河隔开，河内有小鱼自在遨游。每一个区域又被分为六个正方形，每个正方形内花圃与种植着悬铃树和柏树的树林交相辉映。

马可·波罗在 1260 年横穿近东。他描述了一个"世界上最珍贵的水果均种植于此处"和"四处沟渠,一处流淌着酒,一处流淌着牛奶,一处流淌着蜂蜜,一处流淌着水"的花园。我们必须相信他的描述,尤其是关于沟渠的描述,沟渠内有许多盐颗粒,但此描述确实能够表明,真实的花园与保存至今的波斯花园地毯上所描绘的花园十分相似。我们的远古祖先曾于此花园中畅游,一定备感舒适。

除了西班牙南部留存下来的几处摩尔花园外,古代波斯花园的遗址已无迹可寻。摩尔人于 710 年入侵西班牙,统治西班牙大部分地区长达几世纪之久。直到 1492 年,西班牙人才夺回格拉纳达王国——摩尔帝国的最后一片领土。尽管人们费尽心力想要根除伊斯兰信仰和阿拉伯文化,但阿拉伯文化的某些碎片依然留存至今;正如我们所见,园艺就是其中之一。

在大型园林中漫步——了望 - 庇护

杰伊·阿普尔顿提出的了望 - 庇护理论预测到,设计师应该为花园游客提供一系列的庇护所,每一个庇护所都能够提供观察花园不同景观的视角。游客所赏景观应该是具有潺潺水源、资源充沛和安全性的区域。设计者通过引导步行游客沿着清晰标记的岩石或砾石小径指示的特定路线行走，以确保游客获得最好的观景体验。

日式园林符合这些预测：小径曲折蜿蜒，路径常隐没于岩石、树木或灌木之中。步行游客从一处庇护所瞭望，可以观赏到崭新的景观。在短暂步行经过一片开阔的空地之后，另一处庇护所（繁茂的树木和灌木遮蔽住花园其他部分的景致）映入眼帘。多重景观也能够让人产生"花园比实际面积更为广阔"的印象。

虽然西方花园的外观与日式园林迥异，但它们的某些结构特征却十分相似。比如说，位于英格兰北约克郡的霍华德城堡的林荫大道，约 800 米长，大部分是笔直延伸的道路，但还有一系列的小山丘作为点缀，每一处小山丘都能提供新的视野，令人大开眼界。建筑特色主要体现在：一方 18 世纪早期的方尖碑、维多利亚时代的柱子以及许多各式各样的门道。

凡尔赛宫是在特定游览路线周围设计的最为精致的规则式园林，也是面积最大的园林。此园林占地 800 平方千米之大，以至于国王路易十四甚至写了一份观赏园林的行程表，标题为《凡尔赛宫游览一则》。行程表中不仅标注了路线，还指示了游客观赏景观的具体方式！"离开城堡……走至阳台。你必须在台阶的最顶端停下脚步……"凡尔赛宫面积广阔，即使是乘坐马车，也需花将近一天的时间才能完成游览路线。按照国王路易十四的行程表，游客可以在园林中从一处喷泉走至另一处喷泉，完全不用担心看不到水源。坐落于平坦地带，凡尔赛常年水源匮乏。事实上，特定的行程安排允许喷泉以特定的顺序喷水。还有一条"秘密"路线与国王路线不相上下。男孩儿们沿着"秘密"路线一路奔跑，在喷泉即将开关时，用小旗子示意发出信号。

意大利文艺复兴时期建造的园林内有充足的自然流水潺潺不绝。设计师对视觉景观进行巧妙地处理，给予游客耳目一新，别有洞天之感。利昂·巴蒂斯塔·阿尔贝蒂（1404—1472）曾写过大量关于园林设计的原理。他建议，"我会让园林坐落在高处，但此处自然向上延伸且易于攀爬。前往的游客难以觉察园林的存在，直至他们发现自己置身顶端，视野开阔，景色尽收眼底"。

许多意大利文艺复兴时期的园林少有修缮，迄今保留了原有的趣致。保存最完好的园林是位于巴尼亚亚的兰特庄园，始建于 1564 年，并于 1954 年进行大规模的面貌复原。细长的矩形园林沿阶而下，底部是树木繁茂的斜坡。水流沿着中心轴，从顶部洞穴潺潺流入底部的方形水池之内。埃斯特庄园始建于 1550 年，与兰特庄园的设计有异曲同工之妙，但额外添加了精致的喷泉。按照建议，游客可以从底部进入，再缓慢拾级而上，穿过小径。抵达顶端之后，游客可以一览蒂沃利（意大利中部城市）的壮丽景观。美第奇庄园也呈现出类似的设计理念，阶梯上树木阴翳，灌木丛生，漫步的游客站在阶梯上，能够俯瞰罗马的壮观景象。

穿过英格兰广阔的景观园林有多重路径可循，但兰斯洛特·布朗（1716—1783）所设计的园林却一再让人们感到惊讶。他种植了一片片林地，以掩盖不甚美观的景观特征。他利用树丛和相互隔绝的树群来设计远方的景观。与此同时，布朗还通过建筑水坝的方式来建造湖泊。他将堤坝掩盖起来，直到有人靠近才能看到堤坝的痕迹。

摩尔式园林的设计也为漫步提供了便利。留存最为完好的园林当属位于西班牙格拉纳达的赫内拉里菲宫和阿尔罕布拉宫。阿尔罕布拉宫，建于1238年左右，是集堡垒（军事要塞）、城堡（宫殿）和城镇（小城市）于一体之地。赫内拉里菲宫则是屹立许多世纪的一系列综合园林。1958年，一场大火摧毁了园林的一隅。修复人员发现，原有的园圃正位于小径之下，花冠与小径大致齐平。西班牙现存最保真的摩尔式园林当属狮子中庭。水流从邻近的房屋和喷泉中奔涌而出，沿着狭窄的河道流过园林细长的柱子，形成四条分割河床的小河。如今，园林中的河床与小径持平，原有的河床可能更低一些。

尽管格拉纳达诸多园林的整体布局很可能与原始的摩尔式园林的设计形神相似，喷泉却是近代西班牙添加的新设计元素。在波斯具有宗教意义的柏树，构成了原始摩尔式园林中植物的一部分。但许多植物，包括美洲的鼠尾草和丝兰，均为最近引进的植物品种。目前，赫内拉里菲宫和阿尔罕布拉宫里的大多数植被都经过大幅度的修剪。在如此狭小的空间内，修剪是必要的程序，但少有树木被修剪成类似热带稀树草原上树木的形态。除了橘子之外，所有的树木或灌木都无法结出可食用的果实。

远景是十分重要的

正如我们在第四章中所说，坐在西班牙北部纳瓦拉地区阿万茨洞穴口前的人们可以观赏到平原和山脉的辽阔景致。极目远望，他们可以看到远处的捕食者，侦察到接近的人。很久之前，园艺家就已学会如何利用花园边界远处的广阔风景来营造花园比实际面积更为宽广的印象。正如其名字所示，此种借景手法也能提高园主的感知能力和权威性。对于从近处观赏的园林设计而言，借景显得尤为重要。在下一章节中，我们将对此进行进一步探讨。

从远方评估景观

当遇到全然陌生的地形景观时，我们对此景观作出快速而无意识的评估，以便于决定是否留在此处继续探索，还是不作停留继续前行。

就从近处观赏的园林而言，其设计者面临着与画家和摄影师相同的局限性。然而，园艺家享有一项主要的优势。尽管如今的数码照片易于修改，一幅画作或照片，一旦完成之后，即刻定格成永恒。但园林与之不同，它会随着气候、时间和季节的变化而发生变化。树木萌发新叶，在秋季染成金黄，再而叶落，花朵盛开又飘零。在花朵从生长、怒放、结出果实到飘零的过程中，形成了季节变迁的色彩斑斓。正如一个人不能两次踏入同一条河流，也不能两次观赏同一个园林。每次进入园林，游客都能获得新的感受和视觉体验。

许多日本的小型园林都需要从某个特定的地点进行观赏。其引人入胜之处主要在于水源，无论是真实的还是人工仿造的。日本园林的设计者在营造比实际花园面积更大的幻景方面是当之无愧的专家。有时，设计者会建造普通船只一半大小的小船，以衬托出漂浮于上的池塘，使其面积显得更为宽广。他们充分利用水平线，比如说，用耙子将一片沙滩或砾石堆成一排水管线，以营造某种宽敞辽阔之感。他们通过在景观视点附近放置大型岩石和植物，而在远处放置小型岩石和植物的方式，放大视深度。

日本园林设计者还通过在景观视点附近放置色彩更为鲜亮的植物和材料，在远处放置色彩更为暗沉的植物和材料以及在近处种植大叶树木和灌木，在远处种植小叶树木和灌木的方式，营造某种景深的距离感。从视觉上观赏，隐匿于树木和灌木之中的小径蜿蜒伸展，似乎距离很远。在小型园林中，有时会通过创造幻景的手段使园林看似以更为快速的速度在远离，即使一块草坪或沙地在距离景观视点较远的地方显得更为狭窄。

同样，西方的园林设计者也善于利用借景的方法。牛羊在大型园林中悠闲漫步。设计者对草坪进行密集地修剪，并为园主提供奶制品和肉类。墙壁、树篱或围栏能够限制牲畜的活动范围，并提供隐秘空间。这些英式园林是内在景观园林，从视觉上看，园林是与房屋紧密相连的。1738 年，一项简单或极为重要的创新——哈哈墙，使园林的外观发生了显著变化。哈哈墙是指从视觉上与景观相连接的、在园林界沟内侧挖出的一道沟渠。沟渠又宽又深，一侧极为陡峭，以防牛群从任何一侧跨越而出。设计者之所以采用哈哈墙这个名称，是因为人们突然遇到意想不到的障碍时，脸上会出现大吃一惊的表情。

景观画家对景观园艺家的影响颇深，尤其是克劳德·洛兰（1600—1682）和加斯帕德·杜盖（1615—1675）。

他们均在罗马以东大约24千米的蒂沃利（意大利中部城市）画了诸多风景画。蒂沃利位于丘陵地带，阿尼奥河沿着山谷以瀑布的形式奔流而下。维斯塔（罗马神话中的女灶神）神庙的遗址坐落于蒂沃利附近一座小山的突出角落里。从公元前1世纪起，维斯塔神庙出现于克劳德现存下来的40多幅画作之中，在加斯帕德的画作中也频繁出现。园林设计者威廉·肯特（1685—1748），最初接受作为画家身份的培训教育，1712—1719年期间在意大利求学。他将维斯塔神庙的描摹画作引入英式园林之中，由此，维斯塔神庙成为英国地形景观中最为常见的仿古建筑。迄今园林设计者已建造了二十多处仿古神庙，大陆上的仿古神庙更是繁不可数。肯特将园林视为多种景观，游客可以在园林中穿行，从一幅"风景画"进入另一幅风景画之中。每一幅"风景画"都与自然和过去的某些图像，如瓮、雕像、神庙和废墟有着紧密联结。

　　景观建筑师向其景观客户推荐的建筑改造有助于我们理解他们的动机为何。英国颇负盛名的景观建筑师汉弗莱·雷普顿（1752—1818）提供了最为完整的记录。他为客户准备了"建筑前"和"建筑后"的图纸并用红色封皮装订完毕，随图附以文字解释提出这些建筑改造的原因。我和朱迪·黑尔瓦根对雷普顿红皮书中18幅"建筑之前"和"建筑之后"的图纸进行了分析，以检验他建议的建筑改造意见是否符合基于热带稀树草原假说和了望-庇护理论作出的预测。

正如我们所预测的，雷普顿在图纸中经常将树木和灌木添加到空地的区域之内。他在水边添加了树林，以供人们喝水、休憩或沐浴所需。在从事这些活动时，居住于非洲热带稀树草原上的祖先处于较为松懈的状态，缺乏一定的警觉性，因此，树木提供的保护使人们得以从中受益。雷普顿还通过在空地上种植树木的方式，频繁改变草地和树林的直线边缘形状，使其凹凸不平，以便于呈现出界限分明、疏落有致的姿态。他还增加了分散的顺林，移除树木以开阔远方的视野，并开阔树林以保证人们既能够漫步其中，又能够获得视觉享受。此外，雷普顿还对树木进行改造，使它们的树干在靠近地面处四处延伸，以便于攀爬，并于附近添加鲜花和灌木丛。他移走了占地约一半风景区的树木，以增加视野的开阔性。在其所著《风景园林的艺术》一书中，雷普顿为他提出的园林改造方案提供了合理的说法。他认为，过于繁多的树木"使一个地方显得阴郁而潮湿"。

水景是雷普顿设计中最引人注目的部分。他经常在设计图纸上添加水体设施，扩大现有水体，使之备受瞩目。在雷普顿约一半的设计图纸中，水景特征都得到了突显增强。他在小溪里加了些石头，使之"波光粼粼，生机勃勃，流水潺潺"。雷普顿相信，"只有通过此种景观幻象的设置，艺术才能够呈现出巧夺天工之效"。

此外，雷普顿在设计图纸中还添加了牛、羊和鹿，并在适当的地点添加船只。他为此种设计找到了恰当的理由，"这些都是改善风景园林的真实之物，能够为动物提供置身其中之感"。他将动物添加在风景中的设计尤为有趣，此种做法已然远远超出了景观设计师所担负的责任范围。

割草机和温室两项技术发明，对西方园林设计产生了重要影响。在1830年埃德温·巴丁发明割草机之前，草坪的密集修剪全依赖于牛羊啃食或人们使用长柄大镰刀辛勤劳作。不饲养绵羊或雇用园丁的小园主可以购买一台割草机。直至19世纪70年代，割草机占据了明显优势，大获全胜，而镰刀则被弃于工具棚里生锈，无人问津。

1829年，纳撒尼尔·巴格肖·沃德医生发明了温室。此外，他还是一位业余昆虫学家和蕨类植物的种植爱好者。当埋着天蛾蛹的玻璃瓶里长出一株蕨类植物时，他的灵感瞬间被激发了。他断言，在无煤烟熏染的瓶子里的植物枝繁叶茂，长势喜人。他将瓶子放置于书房窗外进行观察。令人愉悦的是，蕨类植物和其他植物处于持续茁壮生长的状态。在其所做实验的启发下，沃德建立了一个约1.5米高、顶端周围配有穿孔管的玻璃盒，通过穿孔管，可以对植物进行浇水。温室很快就得以推广普及，被人们广泛利用。有了温室，园艺家可以在特定时节里种植大量不耐寒的年生植物。待植物花期一过，人们就可以将植物挖出来，换成从温室中取出的另一批年生植物。花园的维护首次变得轻而易举，无论四季如何变化，人们可以在温室中种植常年开花的草本植物。

木本植物也能够彰显季节性的色彩变化。其中一个显而易见的例子当属落叶树的秋叶，但许多植物的栽培品种在正值夏季时，已然生长出颜色鲜艳的叶子或斑叶叶片。在第 8 章中，我们将探讨广泛种植的、具有鲜红色叶柄和鲜红色翅果的枫树突变体。

"为逝者而建的美丽城市"

"公墓"一词来源于希腊语，意为"睡觉之地"。出于环境卫生考虑，希腊人把公墓迁移到城外，但他们的主要动机是为游客提供一处与自然建立联系并获得生命延续之感的场所，毕竟逝者无法欣赏周围的环境。希腊的墓地中很少放置其他物体，但精心雕刻、色彩鲜艳的石碑和雕像经常作为标记，疏离在墓地之前，以确保逝者不会被生者遗忘。美国最重要的奥本山墓园采用了希腊公墓的设置理念，此墓园于 1835 年始建于马萨诸塞州剑桥市，它以巴黎拉雪兹神父公墓为模板建造而成。外国政要来访美国，经常被带到公墓。一种有趣的说法是，波士顿人只有两种招待重要客人的娱乐方式——一场正式的晚宴和一辆开往奥本山墓园的车。奥本山墓园广受赞赏，美国东部和中西部地区争相模仿此种墓园设计。1949年，埃米琳·夏洛特·伊丽莎白·斯图尔特 – 沃特利来到美国，她既参观了哈佛大学的校园，也前往了奥本山墓园。为此，她写了如下热情洋溢的描述：

这些多样化、合理规划的土地占地约100英亩，广泛种植着种类繁多的树木，一些地方种植有装饰性的灌木，一些墓园饰以花床，见者皆沉醉其中。也有潺潺水流汇聚的水域：水域形成隔开不同道路和小径的天然屏障，这些道路和小径的名称也多种多样。一般来说，道路和小径以广泛种植和娇俏怒放的各种花树命名，诸如百合、白杨、柏树、紫罗兰、忍冬属植物和其他植物。它的确是一座为逝者而建的美丽城市。鸟儿的声音最为悦耳欢快，这种声音可以说是在庄严且满目绿荫的环境氛围中的音乐之声。在此区域内，还有一些制作精美、建造精良的纪念碑。

颜色视觉（色觉）以及人们对
蓝色和绿色的偏好

对西方园林和日本园林的调查显示，它们享有某些共同的特征。但这些普遍特征是人类普遍审美偏好的结果吗？可能是吧。正如在本章开头所说，科马尔和梅拉米德在十个国家中进行调查，得出了相似的结果。所有国家的人都偏爱相似的结构，他们都喜欢蓝色，其次是绿色。

人们为什么喜欢蓝色和绿色呢？其中一种可能性是数十亿年，这两种颜色代表着自然环境的主要特征。它们是水和植物叶片在吸收光和支持光合作用的物理属性下不可避免产生的副产品。在几亿年前色觉进化时，它们就早已存在了。彼时，地球上的色彩极为稀少。除了蓝色、绿色和棕色之外，还可能存在彩虹的颜色、水晶反射的颜色以及血滴的红色，但也仅限于此。大自然中最引人注目的颜色当属鸟类色彩艳丽的羽毛和花果的丰富色彩，这些色彩之所以得以进化，是由于鸟类和花果更易于辨识，其承载的颜色可以散发出生机与活力、丰满或成熟的信号，但这些色彩仅对于具有色觉的动物更为显著。

我认为，科马尔和梅拉米德提出的解释并不具备普遍适用性。哲学家、《国家》杂志的文艺评论家亚瑟·丹托断言，我们对图片的偏好是浸润于文化中产生的。他认为，我们更喜欢那些从文化中所熟知的颜色。我们的景观偏好是由日历中所绘图片决定的。他的观点在某种程度上是正确的，在回答关于人们会选择何种类型的家居艺术这一问题时，91%的肯尼亚人提到了日历上的印刷品，但他的说法却未能解释日历中为何会选择这些景观。毋庸置疑，日历制作者倾向于选择人们喜爱观赏的图片。他们对图片的选择必须基于我们发现具有吸引力事物的直观感觉。在我看来，丹托将因果关系倒置了。

对个体树木的反应

调查人员利用人们对计算机生成的树木图或树木照片作出的反应，来测试我们是否发现了稀树草原形状的树特别有吸引力。罗伯特·萨默和约书亚·萨米特向澳大利亚、巴西、加拿大、以色列、日本和美国的大学生展示了绘有柱状、球状、扇形、宽椭圆形和窄圆锥形的树木以及桉树、橡树、针叶树、棕榈树和金合欢树的图片。他们对蔓延形和球形树木的评分均高于圆锥形和柱形树木。来自津巴布韦、南非、爱沙尼亚、意大利、瑞士和美国一墨西哥边境的大学生也更喜欢金合欢形状的树木。树木形状的等级顺序依次为蔓延形、球形、扇形、椭圆形、圆锥形和柱状。这些结果为热带稀树草原假说提供了有利支持。此外，参与调查者对在其出生长大之地种植的常见树木评分更高，这表明，早期识别相关树木能够提升树木对人类的吸引力。在实验室开展的实验中，当看到蔓延形树木而非圆形树冠时，人们的血压会呈现相对降低的趋势。

现在我们探讨一下孩子和树木的关系吧。到目前为止，我所描述的所有实验都是在成年人身上开展进行的。我们希望，孩子们对树木能够作出与成人不同的反应，随着他们攀爬能力的提升，他们的反应也应该随着年龄的增长而发生变化。目前很少有针对儿童爬树活动进行的实验，部分原因是出于伦理考虑，然而，科斯和摩尔进行了相关测试，即少有爬树经验或没有爬树经验的幼儿是否理解树木可能是抵御捕食者的庇护所和荫蔽纳凉之处。在人类进化的大多数时期里，由于我们的女性祖先比男性更善于攀爬，基于此，科斯和摩尔提出预测，学龄前女孩会将树木视为抵御捕食者的庇护所，而学龄前男孩则少有此种观念意识。通过询问孩子们选择何处作为抵御捕食者攻击的庇护所，他们对此预测进行了相关检验。

在一项实验中，科斯和摩尔使用了计算机生成的场景，即在岩石露头附近有一棵蔓延形树木，树木上有一条裂缝，孩子可以挤进去勉强容身，但这条缝对于狮子来说就过于狭窄而无法进入。孩子和狮子都可以爬上岩石露头之处。科斯和摩尔在这个虚拟世界中，从不同视点拍摄照片，并将它们整理成一本画册。他们在三处潜在避难地点的叙述之旅中使用了 18 张照片。在翻页前，叙述者会指出每张图片中的相关特征。接着，狮子的图片得以呈现，实验助理继续展示回顾此次旅行的下一组图片，并提醒孩子们他们已经看过可能藏身的三个地点。最后，助理询问每个孩子："你要去哪个庇护所才能够远离狮子呢？"

正如他们所预测的，女孩们选择金合欢树的频率要远远高于选择岩石裂缝或岩石顶部的频率。另一方面，男孩们不倾向于三处庇护所中的任何一处。男孩和女孩一起选择了这棵树作为避难所，他们选择树的次数要比选择岩石顶部的次数多。很显然，他们知道狮子可以爬上岩石，但不能爬上树木。

在另一项实验中，科斯和摩尔向来自三个不同文化背景的孩子展示了不同树冠高度和宽度均存在差异的树木轮廓，以确定树冠形状是否影响人们对树木的选择，选择因素包括美学欣赏、易于接近、可视度、休憩和寻求躲避狮子的庇护所。他们利用四种不同品种的树木进行实验，包括奥地利松树（黑松林）、非洲金鸡纳树（金合欢属）、未开花的金合欢树以及已开花的金合欢。孩子们可以用手"丈量"树木，但无法得知树木究竟有多大。他们预测，孩子们心目中最漂亮的树是树冠宽而不是树冠高的树木。

首先，询问孩子们是否爬树、爬树的频率如何以及在哪里爬树。接着，随机询问孩子们四个问题："哪棵树最漂亮？""爬哪棵树视野最为开阔？""你会选择在哪棵树上休息？""你会选择爬上哪棵树藏身？""最后，询问孩子们一个最具刺激性的问题：一头富有野性的狮子从动物园逃了出来，有人在附近见过它。你觉得爬上哪棵树感觉最安全呢？"

为了寻求更为开阔的视野，孩子们本该更倾向于选择树冠最为密集的松树、金鸡纳树和已开花的金合欢树，而非未开花的金合欢树。然而，他们中的大多数人更倾向于选择未开花的金合欢树，作为躲避狮子、休憩、寻求安全感的庇护所。这一结果并非意料之外。三到五岁的孩子对"当他们开展捉迷藏游戏时，障碍物是如何阻碍他人视线的"这一现象表现出绝佳的洞察力。

超过半数的孩子将长有高而窄树冠的奥地利松树评选为最漂亮的树木，此种结果与大多数实验中成年人的审美偏好大相径庭。此外，此种结果也与针对热带稀树草原假设的预测相矛盾。显然，出于我们无法理解的某些原因，在从童年到成年的过渡时期里，人们对树木形状的审美观发生了转变。我们之所以得出这项结论，是因为大学生明显倾向于选择未开花的金合欢树，仅有 5.4% 的人选择奥地利松树。

在又一项实验中，科斯和摩尔使用相同的树木轮廓，以测试在树木选择偏好中可能存在的性别差异。在加利福尼亚州戴维斯市日托中心里，实验者如同在第二项实验中开展的方式一样，向一半的三到四岁学龄前儿童展示了画册中位于相同位置的四种树木；向另一半儿童则展示旋转式布局的画册，其中奥地利松树位于页面的右下角。他们询问了这些儿童三个新问题："哪棵树最难以攀爬？""在炎炎夏日中，你会选择在哪棵树的绿荫下纳凉？""你会爬上树木的哪个位置才能感到安全呢？"

孩子们断定，在四种树木中，金鸡纳树最难以攀爬，但持有此种观点的儿童并不多。他们强烈倾向于选择未开花的金合欢树作为荫蔽纳凉和躲避狮子的安全庇护所。与三岁的男孩相比，四岁的男孩和女孩都会选择奥地利松树上更高之处作为庇护所。与三岁的儿童相比，四岁的女孩会选择金鸡纳树上稍高之处作为庇护所。与四岁的男孩相比，四岁的女孩会选择未开花和已开花的金合欢树上更靠近树冠的位置作为安全之地。远离树干的小树枝更为安全，这是由于一些捕食者尤其是豹子，可以爬树但不能爬到小树枝上，因为小树枝会无法支撑其身体重量而导致弯折断裂。

这些结果不可能是基于经验产生的，因为所有的孩子只在后院、公园里以及学校操场上攀爬过商业建筑，而这些建筑物的结构形式与树木有着天壤之别。孩子们似乎知晓树木所提供的庇护价值，但此种知识是无法从先备经验中得出的。他们的判断同样适应于我们祖先攀爬树木的环境。狒狒、叶猴和猕猴也会选择远离树干的树枝，作为躲避体形庞大的捕食者的庇护所，与此同时，它们倾向于选择在远离树干的小树枝上休憩。

树木形状的象征意义

我们不可避免地会赋予树木以象征意义。我们将树木和积极价值联系起来，如具有持久性、稳定性、可靠性、生育能力和慷慨。在诸多文化背景下，树的形象在儿童故事和神话中得以突显。人们认为树木的三个部分——树根、树干和树冠，能够反映地狱、尘世和天堂。

尽管我们中的大多数人都深受那些主宰着资源丰富的热带稀树草原上树木形状的吸引，我们也发现其他形状的树木枝繁叶茂，青翠可人。又高又窄的树木广泛种植于房屋附近和路边。中东和地中海的园林之中种植着高大、细长的柏树，十分惹人注目。

欧洲白杨树的伦巴第突变体在西方园林中的种植十分普遍。热带稀树草原假说无法解释为什么这些树木具有强烈的美学吸引力。

另一种似乎合理的假说是，这些树木对于人类的吸引力来自我们对阳光的积极反应。我们需要阳光照射来合成维生素 D，以满足我们肌肉骨骼系统发育所需并预防佝偻病和骨质疏松以及慢性疾病，如 1 型糖尿病和类风湿性关节炎等疾病。日光还调节着身体二十四小时的昼夜生理节律。当我们暴露于不充足的日光或置身人造光照射下时，褪黑激素水平升高，使我们变得昏昏欲睡、情绪沮丧。

太阳在白天以弧形运动轨迹划过天空，但阳光主要来自于天空上方，而黑暗则主宰着地面。大多数宗教都假定天堂或类似天体位于天空之上。地狱或阴间地府位于地球内黑暗的内部区域。人类所获得的精神层面上的帮助来自于天空之上。积极的情绪与天空上方发生的事件密切相关。我们常说，有一种"高高在上"或"低入尘埃"的感觉，我们也会时而陷入"人生高峰"和"人生低谷"的境地，也会时而提及"被激励奋起"或"被拖入深渊"的精神境界。我们有高尚的思想与低俗的思想之分。当人们被要求评估屏幕上显示的词语是积极的或消极的时候，当积极的词语是在屏幕顶部闪烁或者消极的词语在屏幕底部显示时，人们会作出更为迅速敏捷的反应，反之则不然。

人类深刻的直觉"快乐向上"可能能够解释我们为何在看到向上指示的符号时，会联想到努力达到"更高的意识状态"和更高的地位。高而窄的树木可能会激发人们"振臂高呼、雀跃而起"的情感反应，特别是在平坦地区。宗教建筑的尖顶和尖塔也可能反映出人类的这一基本情感。各国争先恐后建造最高的建筑，而不是那些占据最大地面空间的建筑。

水的重要性

我们可以在没有食物的情况下存活数周，但我们必须每天喝水。想要获取建立大脑容量所需的欧米伽–3氨基酸十分困难。水生动物如软体动物，是很好的氨基酸来源。令人惊讶的是，我们在水里异常灵巧敏捷。小于6个月大的婴儿被放置于水中时，会表现出适当的运动和呼吸控制行为。水在增加环境的吸引力方面起到了不可替代的作用。在我们对地形景观的最初反应中，我们将水视作珍稀资源（遇见阶段）。当我们评估长期利用资源的环境时（探索阶段），也将水视若珍宝。我们成群结队去河边、湖畔和海岸度假。我们不惜斥巨资在私人庭院中增添水的装置。景观设计师在公共花园和园林中增加水资源的配置。我们甘愿为临水而建或可观赏水景的房屋花费更多的钱财。

水可能一直是作为花园的一个主要特征而存在，但是当一座花园被遗弃时，水的迹象很快就消失了，因此，只有在大多数的古代园林中，水的踪影才有迹可循。我们之所以了解埃及花园里关于水的设置，是因为在陵墓里、在雕塑浮雕上以及种养小鱼、荷花和纸莎草的装饰性几何状的池塘和运河图纸中，均包含对水的描绘。

美索不达米亚工程师创造了湖泊、水库和运河网道，在公元前604至前605年期间先被摧毁，后被尼布甲尼撒二世（古巴比伦国王）恢复原状，在之后的岁月中被波斯人再度摧毁，遭受重创。正如希腊历史学家斯特拉博和狄奥多罗斯所描述的，巴比伦空中花园是尼布甲尼撒二世为取悦其波斯妻子于公元前605年时建造，花园内包含沟渠和喷泉。通过器械装置从幼发拉底河中抽取水源，并通过隐蔽的沟渠将水源源不断供给到花园之中。

　　"喷泉"一词最初是指泉水。许多希腊泉水是奉献给神、女神、仙女和英雄的。输送到雕花脸盆里的通常为饮用水。科林斯有座喷泉上坐落着一尊珀加索斯（生有双翼的神马，被其足蹄踩过的地方有泉水涌出，诗人饮之可获灵感）的雕像，水从其蹄脚处潺潺流出。另一座喷泉上坐落着一尊站在海豚上的尼普顿（罗马神话中的海神）铜像，水从海豚中潺潺流出。花园和城市围绕着喷泉相继拔地而起。

　　罗马是一座喷泉之城，但与哥特人洗劫这座城市时存在的1212座公共喷泉和926处公共浴池相比，如今现存的数量几乎是微乎其微的。只有五座原来的喷泉留存至今。这些令人印象深刻的建筑的建造之地，位于可以接受来自山泉和河流中水源潺潺汇入的位置。

　　正如我们所描述的，传统的波斯花园包含四个要素：集灌溉、美观、水流的悦耳声于一体的水，供以休憩纳凉的荫蔽树木，芳香四溢、色彩缤纷的花朵以及音乐。在伊斯兰大部分水资源稀缺之地（印度、巴基斯坦、中东、北非、西班牙和葡萄牙），建筑师对稀缺的水进行了充分的利用。

欧洲文艺复兴时期的花园设计师谋求与自然地形的和谐共处，但巴洛克式的园艺家经常建造斜坡、梯田和台阶，水流从中喷涌而出。文艺复兴时期和巴洛克式花园的园艺家经常配备能够发出各种声音的水驱动装置。

中国和日本园林设计师也广泛利用水资源，通常以建造蜿蜒迂回的池塘的形式出现，周边堆砌小山、土堆、岩石以及树木，此种景观设置只容许从一处观景点看到部分水面。日本设计师完善了创造干枯河床的艺术，此项艺术最初由中国人研发。岩石、沙子、砾石和倾斜的图案经过设计师的精心布置，创造出一幅水流潺潺的图像。

一本 11 世纪关于花园制作的备忘录手册中推荐了建造溪流的以下步骤："在园林里建造一条小溪，将石头放置在水流转弯处，水就会潺潺流动。水流在何处蜿蜒而过，它就会拍打岸堤。由此，应该将一块'水流蜿蜒石'放置于此处，仿佛是不经意间遗忘于此。但是如果沿着溪流放置太多石头，近观似乎浑然天成，远观却索然无味。此外，过量的岩石会使水流流经的路径看起来像一块石头而不是潺潺流水。若如此放置，潺潺流水的效果会大打折扣。"

水还与房地产价格有关。房地产经纪人早已知晓这一事实，即如果房子临水而建，价格就会上涨。1984 年到 1993年期间华盛顿州贝灵汉市关于 6949 家庭的房屋销售数据表明，临水而建的住宅价值比相对非水景观或临水景观住宅的价值要高出 126%。贝灵汉湾畅览无遗的景色更为市场价格的飙升增添了浓墨重彩的一笔；与之相较，山景对房屋价值的提升就显得微不足道了。房屋市值随着它距离海湾的远近缓慢浮动，距离海湾愈远，房屋市值愈低。

马萨诸塞州东部的水景房屋售价远远超过类似却没有水景的房屋售价。1970 年后在荷兰建造的 3000 多所房屋也是如此。价格上涨幅度最大（28%）的是花园临水、面朝大湖的房屋。如若从房屋内能够俯瞰流水，房屋售价将上涨8%～10%。水体面积的大小对销售价格影响甚微。 这一现象表明，水带给人类的益处在于饮用价值，而非运输价值。

虚拟环境的美学——天堂与地狱

世人皆知人终将一死，但纵观人类历史，可能远在史前阶段，人们便不愿接受死亡是最终的归宿。他们通过在地球上死亡后于其他地方构建生命的幻景，来解决死亡认知引发的忧郁和心灵痛苦。史前人类很容易观察到死后的生命迹象。枯死的植物经历雨水的浸润或春雨的洗礼之后，再度焕发生机。两栖动物从泥泞中露出头角，候鸟在消隐踪迹后很久，从未知的地方再度飞来。

对天堂和地狱的感知能够给予我们启发，告诉我们一些关于我们希望能从死后环境中找到的特征。受限于人类的想象力，"来世"的概念受到我们所知世界的深刻影响。我们想象生活于来世的生命体与我们生活的世界十分相似。天堂与地球相似，但没有地球环境中最令人厌烦的情境。澳大利亚土著居民认为，超越水面之上天空中的土地如同澳大利亚一般，但土壤更为肥沃、水源灌溉充足且充满了各种珍馐野味。对于科曼奇族人（北美印第安人的一支）来说，日落之地是一个比现有山谷更宽、更长的世外山谷，那里没有黑暗、风、雨，且充满了各种珍馐野味。

因为人们认为死后的生活会以熟悉的方式继续进行下去，所以死者通常会拥有他们来世所需的财产作为陪葬。人们认为，富人在来世依然需要他们的仆人伺候。在美索不达米亚乌尔市发现的城市国王及其配偶的陵墓可以追溯至公元前2000年以前。陵墓中有许多仆人、士兵、朝臣和侍女，他们在国王死后惨遭杀害并作为陪葬进入陵墓。在中国商朝时期（公元前17世纪到前11世纪），君王和贵族下葬陵墓时，有大量陪同的侍从陪葬。对中外两种陵墓的描述很显然是为了增强人们渴望升入天堂、免入地狱的渲染力。那么天堂和地狱究竟是何种样子呢？

天堂

基督教的天堂里广泛种植着枝繁叶茂的青翠树木，这些树木能够提供丰富的果实，是永恒的荫蔽之处。耶稣把上帝之国比作一棵许多鸟在其中筑巢的参天大树。在公元前 5 世纪，品达（希腊抒情诗人）这样描述了"上帝祝福之岛"："玉米自然生长，无花果无需嫁接，藤蔓总是攀援在花丛里，橄榄总是结在枝条上，蜂蜜从橡树上滴落，水流飞溅下山坡。牛羊无需饲养照料。气候适宜，此地从未沾染商业和贸易的气息，是天然的净土。"天堂里充满了支撑狩猎采集者在地球上生存的有机物，天然纯净之水总是源源不断。

据《古兰经》记载，信徒们前往与世隔绝的花园，少女在花园里姗姗而行，喷泉随处可见。"他们既不会感到灼热酷暑，也不会感到刺骨寒冷。自有树木提供荫蔽纳凉之所，累累果实高高挂于树上。"穆斯林的一项传统描述了天堂里的一棵参天大树，树木如此之大以至于一个人骑着马可以在树荫下行走一年。在印度教的传说中，一棵异常巨大的玫瑰—苹果树能够为梅鲁山上的整片土地提供荫蔽。树上结出的如同大象一般大小的果实汁液流淌形成了不朽之河。

地狱

　　基督教从犹太教和太古纪神话中传承了地狱这一概念。某种程度上的判决和惩罚是基督教教义的必然结果。如若上帝为了救赎所有相信他的人们，而派他的儿子来到人间，那些不相信上帝和不接受其教诲的人们就无法得到救赎。当然，这并不意味着他们在死后必须经受身体上的折磨，但在某种意义上来说，他们确实需要承受百般苦楚。旧约中的上帝是雷电之神，雷火是他的主要武器之一。

　　在维吉尔（古罗马诗人）于其史诗《埃涅伊德》 中描述地狱之前，人类对地狱的描述一直处于模糊不清的状态。对基督教地狱最详细的描述出现于但丁所著《地狱篇》一书中，此书是 14 世纪但丁所创《神曲》的三部曲之一。在《神曲》中，维吉尔本人是作为通往地狱和炼狱之间的向导存在的。但丁所描述的地狱由九层构成，分别对应着九个象征天堂的球体。陷入地狱越深，就越邪恶，惩罚也越发可怕。

　　在大多数关于地狱的描述中，主要的肉体折磨来自于火和热。在《启示录》一书中，火焰之湖从火湖和硫黄之湖中奔流而下。火和热的洪流在其他宗教描述的地狱里也得到了突显。《古兰经》里对地狱的描述不像天堂一般生动形象，但地狱并非令人愉悦之处。在佛教和印度教里的地狱，火是主要的惩罚手段，但对大多数受害者的惩罚仅仅是暂时的。

或早或晚，大多数受害人都会被释放，并被送回到地球上开展新的生活。只有那些万恶不赦的人才被判处遭受永恒的惩罚。

在关于基督教地狱的图示和言语描述中，通常描绘出一幅苍凉贫瘠、山谷阴云笼罩、悬崖陡峭不平、平原岩石突起、火焰如旋风般燃烧、火焰和沥青流淌的河流、烟熏火燎的凹坑、腐烂泥泞的沼泽和深不见底的鸿沟的景象。与天堂中充满悦耳之声、颂歌和对上帝的感激祈祷的画面截然不同，地狱里回荡着痛苦的尖叫、哭泣哀号和咬牙切齿的咯吱声，地狱里的人们无比绝望地向上帝祈求宽恕，但毫无用处。

东方世界里的地狱也具有严酷的统治者和形态不一的怪物。《中阴闻教得度》一书可以被视为死亡经历的指南，书中描述了阎罗王宫殿的判决。一幅地狱场景绘画显示，阎罗王披着人类的皮肤作为斗篷，腰上系着人类的头颅编制的腰带，头上戴着骷髅制成的头巾，手里握着一把剑和一面镜子，每个人的行为都能够在镜子里反映出来。他会对死者生前的善恶行为进行当面评估，恶人将被打入八层热地狱和八层冷地狱中经受惩罚。

日本的净土宗或极乐园中的地狱也有八层热地狱和八层冷地狱，由阎魔王掌管，相当于东方世界中的阎罗王。他以特定的形象出现，穿着法官的服装，手里拿着一本书，书中记载了人类的所有行为，在他旁边站立着两位断头使者。

对地狱生动而详细的描述让我们了解了更多关于 14 世纪各种罪恶等级的严重性和惩罚的知识，而非关于环境美学的信息。尽管如此，被病原体和排泄物所污染的水源以及缺乏资源来维持有意义的生存，这些主题在所有关于地狱的描述中都十分常见。天堂是长久的安全之所且具有丰富的资源，但地狱里可不存在像资源充沛的热带稀树草原一样的地方！

正如本章所阐述的，通过运用由进化论产生理论的多种视角，我们现在可以为园林的设计、对树木形状的审美反应以及我们如何构想来世提供可能的解释了。更多假说和测试有待于未来进一步检验。

第七章

辣椒作为赎金

据最早记录植物采集任务所记载，在埃及女王哈特谢普苏特（埃及第 18 王朝女王）的指派下，相关人员于公元前 1495 年前往"蓬特国（南非）"寻求香料。此次探险小分队由尼哈西亲王率领，沿着尼罗河航行，穿过红海，然后向南前往索马里，寻找亚拉伯乳香（橄榄科植物乳香木）和没药（热带树脂，可作香料、药材）的发源地。植物采集者将发现的树木从土壤挖出，带回底比斯（古希腊的主要城邦）进行种植。2500 年前，当他围攻罗马时，哥特人的领袖阿拉里克（西哥特国王）要求罗马人支付的赎金，不仅仅包括金银财宝，还包括 1364 公斤辣椒。国王和王后承担了马可·波罗、费迪南德·麦哲伦和克里斯托弗·哥伦布的航行费用，以便找到通往香料种植国更为快捷的路线。香料在人类历史上发挥了至关重要的作用。

我们是能够巧妙处理食物以获取味觉享受的唯一物种。我们发现，如果食物中含有辛辣刺激性的植物产品，食物对人类的吸引力就愈强，但是我们试图处理和控制所摄入食物的努力已经远远超出了香料和风味的范围。食物是隐喻的丰富来源。我们可以将一个人描述成"甜心"或"酸脸的讨厌鬼"。我们常说"吃肉食者嘴里的那块肉（抓住问题的要害）"或"牛肉在哪里（实质性的内容在哪里）？"许多文化对于应该如何准备供人类可接受食用的食物，都有详细的管理规则。正统犹太人和穆斯林均存在大量条规的饮食限制，但此种饮食限制也制约着虔诚的佛教徒、七日基督论复临者、印度教徒、罗马天主教徒和摩门教徒的饮食。为了生存，我们必须进食，但为何进食需要如此复杂的一套规则，人们又为何需要响应规则呢？为什么我们要在用餐中进行社交、庆祝饮食活动、花费大量的时间吃饭呢？为什么食物会成为地位的标注和文化的普遍表达呢？

从进化生物学的视角进行探讨，有助于我们理解人类与食物关系之间许多看似特殊的方面。毕竟，食物选择是动物进化过程中最重要的两种驱动力之一。当生态学家遇到一个新物种时，唯一比"这个物种以什么为食"更重要的问题是"什么物种会食用此种物种？"在第五章中，我们讨论了我们对捕食者或袭击者的反应。在本章中，我们主要关注我们吃什么、为什么要吃此种食物以及在觅食和进食过程中产生的复杂情感。为了理解我们吃什么以及为什么喜欢吃此种食物，我们需要探究我们与所食用物种、药用物种和美学欣赏物种之间的共同进化。

我们已经看到，对一处环境当前和长期提供食物的潜力进行评估，是选择栖息地探索阶段的一项重要任务。有时，此种提供食物的潜力是显而易见的，比如对陌生地形景观的随意一瞥，就可以看到成群的大型哺乳动物、成群结队的鸟类和结满果实的树木。更为频繁出现的现象是，食物供应的证据并非如此显而易见。依据当下食物充足的证据，可能无法预测未来食物依然充足，可以满足我们所需。久在农业发明之前，这些习性就已显露端倪，这也是如今我们改造地形景观最重要的方式。进入农业社会前的人类祖先烧毁了大片区域，以刺激新草的生长，进而对大型哺乳动物的分布产生影响。他们通过建筑堤坝、改道小河的方式，为捕鱼提供便利。

我们祖先的饮食

如今，人类选择性地采用以蔬菜为基础的饮食结构，但是情况并非总是如此。我们与最近亲属黑猩猩的共同祖先可能是食草动物，正如今天的大猩猩一般。尽管尚不清楚我们的祖先在开始直立行走之前是否捕食过其他动物，160万年前，他们开始进化为直立两足行走，这使得他们更善于捕捉移动的动物。起初，我们的祖先可能用手抓取动物，如今此种方法在世界上某些地区依然盛行不减。例如，新西兰的毛利人通过建造水坝的方式，建造便于捕鱼的人工尽头小溪。当水溪流改道时，他们徒手抓取搁浅的鱼类（图7.1）。在加利福尼亚海滩上钓鱼是非法的，因此，人们徒手捕获产卵的滑银汉鱼。在阿尔贡古附近的索科托河上，人们定期举行尼日利亚开渔节，第一个奖项奖励给徒手抓住第一条鱼的捕鱼者。

在远处进行捕杀者可能是从向鸟类、哺乳动物和鱼类扔石头开始的。人类极为擅长站在远处精准地投掷物体。黑猩猩也会运用与人类相同的八十八块肌肉，但它们的目标感极差；它们大脑显然缺乏执行动作的能力。所谓的阿舍利文化（欧洲旧石器时代早期文化）中的手斧实际上可能并不是斧头，而是投掷石。神经生理学家威廉·卡尔文指出，这些投掷石具有锋利的边角，人们可以一手握住。如若我们的祖先将投掷石视作工具使用，可能会割伤自己。在水坑周围遍布着大量的投掷石，此处是捕食者最为集中的区域。此外，当投掷"手斧"时，手斧在空中翻转，着陆点向下落在土壤或

图 7.1

两个毛利人互相协作，设置捕鱼陷阱以捕捉苗鱼（一种类似于河鳟或红鲑鱼的新西兰鱼类）。此照片由詹姆斯·麦克唐纳于1922年所摄。从玻璃幻灯片的黑白图像复制而来。

新西兰博物馆，特巴巴同加利瓦博物馆提供。

动物的身体上。简而言之，"手斧"设计精巧，也可以作为投掷石使用（图7.2）。

随着长矛、弓、箭、飞镖和枪的发明，人类捕杀猎物的距离越来越远。人类在历史长河中逐渐演变为地球上最高效的捕食者。我们的饮食范围扩大并引发几大洲陆地内大型哺乳动物的灭绝。引进和储存牧草种子以及捕猎难以捕捉的大

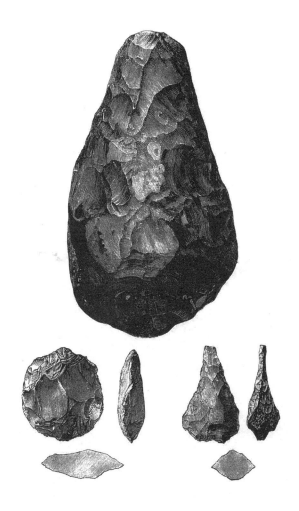

图 7.2

1912年伦敦展览出的"维多利亚时期肯特郡历史"中的一幅图。手斧以位于法国北部亚眠市附近的圣阿舍尔文化遗址命名。

转载自《维多利亚郡肯特郡史》，伦敦，1912年。

型动物带来的益处是，我们获得了一种可以在短时间内吃饭时获取的能量丰富的膳食结构。

在230万至180万年前，原始人类主要居住于有水源、树荫和岩石露头的非洲地区。他们配备武器的有效射程可能不超过9米。狩猎成功与否可能取决于跟踪技能、对动物栖息地和动物行为的广泛了解、动物跑或飞的速度和距离以及它们的逃跑策略。大多数原始人类的身体并无毛发，这使得他们能够像如今猎手所做的那样，在炎热的白昼中追寻和捕获大型哺乳动物。

同样，早期的原始人类也能够从评估能力中获益，评估危险动物是否更容易发动攻击而不是逃跑。成功狩猎所需的复杂技能解释了在当代社会，即使体能达到高峰，狩猎采集者一直无法施展最大的狩猎能力，直到三十岁时才能有所施展的原因。

寻觅和发现食物

觅食——寻找食物之所以演变为满足人类的情感需求，是因为与动机较弱的人类祖先相比，喜爱觅食的人类祖先更有动力去打猎和冒险，并对危险的猎物发动攻击。这一原因十分简单但颇具说服力。强烈的积极动机理应导致更高的狩猎成功概率。此外，一名成功的狩猎者，凭借他所获得的成功和与他人分享食物的意愿，能够欣然接受觅食所带来的社交利益和配偶青睐，从而进一步强化了狩猎的内在固有乐趣。如今，即使在商店里可以买到价格低得多的类似食品，狩猎和捕鱼依然广受大众的喜爱。尽管如此，许多不喜欢吃鱼的人还是喜欢钓鱼，捕鱼与放生成为一项迅速发展的运动。

决定何时觅食、寻觅何种食物以及在何处觅食三者之间具有错综复杂的联系，这是因为觅食者所寻觅的食物对其所前往之地影响颇深，如沿着河岸生长的野生李子和小龙虾，蛤蚌和沿着海岸飘摇的海草。觅食者的目标也决定了他们所使用的搜索图像。我们都对源自自身的行为备感熟悉。比如说，当我和昆虫学家结伴在树林里散步时，我看到并听到了许多同伴尚未观察到的鸟类和声音，但我也错失了那些藏在树叶和树皮裂缝中的大多数有趣的昆虫。食物是留给那些做好充分准备的人的。

动物提供直接和间接的线索

由于动物四处移动，狩猎者必须先找到它们所处的位置，才可以开始跟踪他们。动物会以足迹、排泄物、破碎和啃食过的褐色植被和树皮以及残存的猎物尸体的形式留下线索。狩猎者根据这些线索，能够判断出动物移动的方向以及它们在此处停留的时间。现有文献详细记录了传统社会中狩猎者的追踪能力，如昆申人和哈扎部落里的人。他们能够分辨出许多不同物种的踪迹，并能够识别动物们在多久前停留于此，留下了此种印记。我对在非洲旅行期间结识的导游的追踪能力大为赞叹。

马修·夏普斯和他的同事们思考，处理动物足迹的技能和倾向是否可能存在于我们大脑的基本构造之中。如若果真如此，与记忆其他类型的视觉刺激相比，即使是不从事狩猎的现代人也应该更容易识别和记忆动物的足迹。为了验证这一假设，他们要求受试者学习和回忆 100 张图像，分为五种类别：军用装甲车、贝壳、厨房用具、树木以及动物的足迹，每个类别中各包含 20 张图像。参与者被告知他们将看到许多张照片以及他们要记住这些图片，以便于稍后被问到时能够作出相应回答。此种实验就是所谓的双盲研究；无论是受试者还是负责开展实验的人都对实验的目的一无所知。在第一轮实验中，实验者向受试者展示每张图像，展示每张图像的时间控制为 5 秒，每张图像之间间隔 2 秒。之后给受试者 10 分钟的时间解决算术问题，10 分钟之后再次向受试者展示相同的图像。在第二轮实验中，实验者向受试者展示每张图像，展示每张图像的时间控制为 8 秒，接着要求受试者写下图像的名称。结果显示，参与者对厨房用具的记忆最为清晰，但他们对动物足迹的深刻记忆超过对海贝、树木或军用车辆的记忆。

夏普斯移除了一些令人备感困惑的物品，并随机删除了其他项目，最终在五种类别中分别留下 17 个项目。接着，他针对一组新的实验对象进行了第二次实验。参与者回忆最为清晰的是厨房炊具，但和第一次实验结果相同，受试者对动物的足迹深刻记忆超过对贝壳、树木和军用车辆的记忆。第三次实验依然使用相同的图像，但以不同的顺序呈现给受试者，产生了相似的结果。男女性别之间的结果对比也并无差异。

这些发现并不能够表明存在某种特定轨迹的视觉神经模块，然而，夏普斯的实验表明，与对其他类型的陌生物体的关注和记忆相比，我们可能更倾向于关注动物的足迹，且印象更为深刻。女性和男性在测试中获得的分数可能十分似，因为有证据表明，旧石器时代的女性会捕获并猎杀小型猎物。在未来的研究中，实验者需要阐明人类反应的运作机制，但这些实验已经表明，此种机制可能存在，也可以通过实验进一步探讨。

植物为食物供应提供相应的线索

我们吃的许多植物中很少含有可供全年食用的组织。

我们可以通过记住不同植物开花、结果和长出嫩叶的时间，来节省其他的宝贵时间。让我们确定一下人类究竟能否记住这些内容以及有没有线索可供我们利用。

我们食用一些植物的叶子，因此对人类来说，能够区分可食用的叶子和不可食用的叶子是大为有益的。许多种类树木的幼叶，通常比老叶更为美味可口，颜色也不同于成熟叶片。大多数温带植物的扩张叶呈现出黄绿色；当叶片发育完整时，会变成深绿色。与之相反，许多热带木本植物中的可见展开叶略带红色。叶子在秋天飘落之前，叶绿素褪去，温带落叶树的叶子呈现出明亮的颜色。对叶子的颜色多加留意可能有助于我们的祖先更容易找到特别物种的植物的生长位置，这些植物现在或将来可能生长为有营养组织的物种。

如果我们的祖先特别留意树叶的颜色，并利用它们来找到可食用的植物组织，我们能够作出预测，希望销售更多植物的植物育种家应该选择具有市场前景的植物即选择那些随季节变化色彩明显的植物而非叶子四季常青的植物。栽培树木如枫树，既无法长出缤纷鲜明花朵，也无法结出可食用的果实，利用此类栽培树木有助于检验非典型叶子颜色是商业售卖的主要成功因素这一预测。

我们可以通过观察安托万·勒·哈迪·德·博柳在《枫树图鉴》中描绘的 20 种枫树的 133 个栽培变种来检验这一预测，其中 14 个物种是具有不寻常叶子颜色的栽培变种。

在这 14 个物种中，10 种枫树的叶柄和嫩枝呈现出鲜艳的颜色（大部分为红色）。广泛种植的日本枫树掌叶槭的野生个体的成熟叶片在整个夏季都青翠欲滴，但在 140 个列入图鉴中的日本枫树掌叶槭品种里，仅有 57 个栽培变种的叶子呈现出绿色，66 个栽培变种的叶子在夏季呈现出红色或紫色，17 个栽培变种是斑叶植物。

园艺种植者显然会挑选那些当叶片"应该是绿色"的时候不呈现出绿色的植物突变体。这一假设也可以解释我们为何会被北美东北部落叶林的秋色所吸引，尽管这些颜色变幻标志着资源减少而非资源增加。英国园艺家尤其热衷于种植长有红色和橙色枝条、开出鲜艳的花朵和结出莓果的美国本土植物。

花朵提供相应的线索

花朵仅占人类饮食的一小部分，但花朵是提供关于食物当前和未来位置的重要信息来源。观察和跟踪蜜蜂寻找花朵的路线有助于我们找到蜂蜜。花朵先于果实和种子绽放；如若记住植物开花的时间和地点，我们就可以预测到在何处何时能够收集到这些食物了。开花的植物也可能预示着水的存在。在物种丰富的植被区域，花朵在很大程度上有助于我们识别不同植物，否则，我们很难在极为类似的绿色叶子中对植物进行区分。

如若我们的祖先能够从留意花朵中受益，我们应该喜欢观赏花朵。我们的确喜欢这样做！当女性接到一束鲜花时，她们会喜笑颜开，鲜花带来的愉悦感可以持续好多天。乘坐电梯的男人和女人对花的反应比对其他礼物的反应更为积极。向老年人赠送鲜花会激发当下和长期的积极情绪，且有助于提高记忆力。花匠声称送花时会得到拥抱和亲吻。

一旦找到食物所在位置，我们就需要决定是否要用此种食物。也许此种食物不具备摄入价值，如若感染了病原体或寄生虫，通常美味可口的食物就会变得危险有害，因此，是否摄入某种食物成为一个至关重要的问题。正如加里·保罗·纳班所说，"我们摄入我们祖先所摄入的食物，我们反感他们感觉反胃的食物"。

餐桌上的危险

摄入食物的行为会破坏人体的免疫系统。无论我们是否对乳糖、麸质、贝类或花生过敏或不耐受，此种破坏都是存在的。每一只摄入食物的动物都会吸收潜在的毒素、病原体和寄生虫。无脊椎动物，如软体动物和甲壳类动物的肝脏——一种进化过程中的创新，能够中和许多毒素，但呕吐和腹泻是人类最有效也是即刻防御吞咽病原体的方法。两种方法绝对称不上愉悦，可能也会危害健康。因此，识别可食用、不可食用的食物、只摄入可食用的食物，对动物的身体健康十分有益。

对于杂食动物而言，在不生病的情况下获得充足的食物尤其困难。顾名思义，杂食动物通常摄入很多种食物；可获取的食物随着地理环境的变化而有所差异。大多数植物的组织含有一系列对于食草动物和病原体来说有毒性的生物碱、萜烯和酚类物质。几千年来，寻找并确定植物含有哪些毒素以及如何中和这些毒素的探索进程一直是人类关注的焦点。

摄取陌生的食物是十分冒险的，但是杂食动物需要对许多陌生的食物进行取样，以便于找出可以安全食用的食物，否则，我们会拒绝摄入本应摄入的食物。与仅仅摄入为数不多的物种相比，多样化的饮食可能更有助于维持营养均衡，且摄入特定毒素的含量较低。因此，杂食动物对新食物总是跃跃欲试，但它们对这种食物的健康与否抱有怀疑。

当遇到新的食物来源时，动物必须首先确定它是否具有可食用性。接着，动物必须决定一种已知可食用的食物是否应该在某个特定时刻被采摘和食用。最后，如果动物有幼崽正在嗷嗷待哺，它需要作出决定，是否立刻摄入食物并带来巢穴哺育幼崽，抑或是将食物储藏起来。最佳决策在一年内或随着动物的繁衍期而发生变化。取决于年龄和动物是否有配偶或后代，动物可能储存食物以备日后食用或将食物送至其他动物面前，与配偶或亲属共同享用。之所以作出这些决策，还出自动物的不同考虑和多变的情绪。

食物是否具有可食用性？

我们摄入数百种不同种类的食物，但我们同时也拒绝摄入其他数百万种的食物。潜在食物不仅仅局限于可食用性或不可食用性的区别。有些食物具有很高的营养价值，总是令人垂涎欲滴。其他食物只能提供人体偶尔需要的特定营养素，有些是仅供充饥饱腹的低质量食物。在食物匮乏的年代，人们也会吞咽那些本应拒绝摄入的食物。当人类的食物基本耗尽时，他们会转向寻求营养含量少、无滋无味的食物。查理·卓别林用一只鞋做了七道菜肴，暗示了在真正来临的饥荒时期，人们会退而求其次：在爱尔兰马铃薯饥荒期间，饥肠辘辘的爱尔兰人吞食海带和海藻。第二次世界大战期间，被占领领土的荷兰人改以郁金香为食。在俄罗斯，农民学会了饮用荨麻汤以煎熬度日，甚至在极端严苛的条件下，人们也可能嗜食同类。

很少有杂食动物生来就知道摄入何种食物。正如保罗·罗津所说："作为杂食动物，必须对几乎所有食物进行了解，以知晓何种食物具有可食用性，这是其生物特征的一部分。"我们通过谨慎摄取食物并监测其引发的生理后果，观察他人摄入何种食物以及被告知何种食物有益健康，能够判断何种食物具有可食用性。观察和指导具有明显的价值。多年来，我们所观察的个体可能一直摄入这些物质，并得以存活下来。母亲可能是最了解这些情况的知情人了。

母乳具有免疫和抗生素的特性，因此，处于哺乳期的婴儿可以对陌生的物品进行品尝，此时婴儿所承担的风险比其断奶后的风险要低。儿童了解可食用食物的相对安全的方法是在看护人的视野内进行食物品尝。幼儿更倾向于在看护人在场时品尝食物，但当儿童能够独立行走后，他们更倾向于在成年人不能看到和监管的地方品尝食物。

由此断定，婴儿一旦能够做到这一动作，就开始将奇怪的物体放入嘴里，但当他们断奶后，此种动作的频率就会大大减少。正如我们所预期的，婴儿在大约2岁时开始爬行之前，就开始往嘴里塞东西。在这一年龄段，我们用塞入婴儿口中的物体来安抚嘤嘤啼哭的婴儿或提供视觉上的兴趣吸引。婴儿往嘴里塞东西的次数逐渐增加，直到大约6个月大的时候，塞东西的频率才开始减少。在2岁以上的儿童中很少观察到这一现象。通过咀嚼小型物品，幼儿也能够摄取有益的微生物，在婴儿断奶后，可以取代母乳的味道。新生儿的味觉偏好发展十分迅速，但通常需要几次母亲的喂养经验来发展婴儿的味觉偏好，然而，婴儿对厌恶的味觉的获取更为迅速。

在没有指导的情况下，杂食动物如何能够分辨出摄入某种食物是否具有危险性呢？对于大多数类型的物体而言，我们可以立即分辨出它是否具有危险性，热还是冷、尖锐还是疼痛、柔软还是坚硬的、苦涩还是甘甜，但如果我们摄入某种有毒物质，我们在几个小时之后才会生病。像其他杂食动物一样，我们会自发无意识地将疾病与数小时前摄入的食物联系起来，由此，我们对此种食物产生厌恶感，并通常在将来避免再次摄入此种食物，甚至引发我们生病的食物气味也可能激发恶心。我亲身体验过这种过程。青年时期，我初次前往大西洋海岸时，曾因为吃了太多蛤蜊而生病。此后二十年内我都无法再次食用蛤蜊。你们中的许多人无疑也有过类似的经历。

人们对潜在食物产生的许多不同反应，从极端愉悦到极端厌恶，是进化过程对摄入外部食物甚至是营养物质时可能产生危险的反应。摄入污染食物或者变质食物的人们可能生病或死亡。即使是在饥肠辘辘时，留意预示潜在食物可能有毒的迹象，都是十分必要的。

品味的问题

我们可以欣然接受某种食物，是由于它尝起来味道很好；也可以拒绝某种食物，因为它尝起来味道很糟糕，但这只是我们接受或拒绝某种食物的众多原因之一。除此之外，我们还会在摄入某种食物所产生的生理和社会预期结果的基础上作出决策。对食物来源和特征的了解可能影响人们的观念即此种食物是否适宜食用。人们可能只有在某些特殊情况下才可以接受食物，或者拒绝食用某些类别的食物。由于各种各样的原因影响着哪些食物是可以真正为人们所接受的，人类的饮食差异性比可食用食物的差异性更大。尽管如此，我们依然能够总结出一些概括性的适用规则。

快乐与营养价值呈现出积极的联系。正如我们在第四章中所探讨的，我们喜欢营养食品的味道。在我们祖先的生存环境中，富含糖的食物如水果和蜂蜜是十分稀缺的。我们无法要求生化学家告诉我们甜味在糖分子结构中的位置。甜味来自于分子结构和神经系统的相互作用。我们的神经系统已经进化到能够使易于消化和富含能量的单糖转变为糖的程度。我们利用中性受体如何发挥作用的相关知识，研发出激发人类甜味感官的非营养糖类替代品，这样我们就可以尽情享受加工甜食了，同时也避免摄入不必要的卡路里。在我们的祖先将动物肉类添加到饮食结构中之前，他们发现获取脂肪也是难上加难。

厌恶

查尔斯·达尔文是首位发现厌恶和食物之间存在强烈关系的学者。在 1872 年出版的《人类和动物的表情》一书中，他提到："就本质上而言，厌恶是一种更为明显的感觉，它是指人们在实际中感知或生动构想出来的某种令人作呕的东西，主要与味觉息息相关；仅次于通过嗅觉、触摸甚至由视力引发的任何引起类似感觉的东西。然而，极端的轻蔑或者通常所说的厌恶性的轻蔑，与厌恶几乎没有区别。"在书中稍后的内容中，达尔文进一步指出："令人倍感好奇的是，这种感觉极容易被外观、气味或食物本质中任何不寻常的东西所激发。"他还评论道："极度的厌恶主要表现为嘴巴周围的动作以及呕吐之前的准备动作。嘴巴大张，上唇用力收缩，带动鼻子两侧皱起，下唇尽可能地突出和外翻"，"吐痰似乎是普遍性蔑视或厌恶的表现；很显然，吐痰表示拒绝任何塞进嘴里的具有难闻气味的东西"。

达尔文这一具有开创性的观察已然得到证实。在所有人类文化中都有所表达的厌恶感，是人们拒绝某些类型食物最强有力的原因。我们的嘴巴对文化中不是食物的东西倍感厌恶。大多数引发厌恶的东西都来源于动物。尽管我们从未尝试过吞咽如蠕虫、老鼠、甲虫等恶心的动物，我们大多数人都确信其味道非常糟糕。此外，我们对尝试它们的味道也没有丝毫兴趣。脓、蛆、腐烂的食物和食腐动物都能激发人类普遍性的恶心感，主要体现为明显的面部表情变化（图7.3）。我们对应该排除体外的东西和应该维持身体运作，如血液之类的东西均呈现出厌恶的反应。厌恶感伴随着污染混杂的概念而生。大多数人不喝用消毒蟑螂搅拌过的果汁，也不会从精心清洗过的便盆里喝水。在大多数文化中，人们仅摄入少量可食用的动物脂肪。美国人一般不食用昆虫、两栖动物、爬行动物或啮齿类动物，但在其他一些文化中，有些人也以这些动物为食。然而，大多数引发人类厌恶的动物实际上具有可食用性且营养十分丰富。

达尔文没有对厌恶感的起源进行推断，但他的观察与一种观点不谋而合，即厌恶是一种阻止我们祖先摄入腐烂的肉、粪便和通常含有有害微生物的动物内脏的适应性感觉。微生物以令人惊叹的速度迅速繁殖；哪怕少量摄入这些微生物，也会对身体造成威胁。我们对潜在污染的恰当反应能够使身体维持稳定状态，即使是与潜在污染物的短暂接触也足以引发人类的极度厌恶。厌恶是进化过程中设定的直觉微生物学，早在人们知晓微生物存在之前就已得到发展，更不用说人类对其引发疾病的认知了。

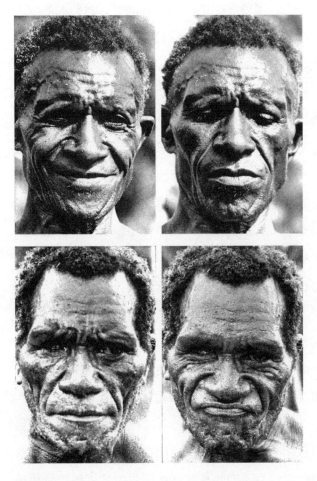

图 7.3

1968 年，心理学家保罗·埃克曼携带相机来到新几内亚岛，在岛上拍摄南方人的面部表情。这四张照片分别显示了一个男人微笑、俯视、关心和皱眉的神情。

保罗·埃克曼博士拍摄，保罗·埃克曼集团有限责任公司提供。

不适当的物品是指我们的文化中不可食用的东西。我们不会食用铅笔、草、纸和布之类的东西，即使食用这些不会导致疾病。植物的某些器官通常不富含营养，比动物组织更难以消化，但这些东西很少引发人类厌恶。与动物组织相比，植物的某些器官更难以寄生有毒细菌。许多素食主义者，尤其是那些出于道德原因（拯救动物生命、减轻动物苦痛、拯救环境）不摄入肉类的人，不喜欢食用肉类，甚至一想到要摄入肉类，可能会产生厌恶感。出于健康考虑而避免食肉的素食主义者依然无法抵抗肉类的美味诱惑，只能够通过避免接触他们最喜欢的肉类菜肴来维持健康。

我们所感受到的纯净感也可能具有直观的微生物根源。我们的大脑似乎有一种"纯净模块"，引导我们将注意力转向由微生物引起的、与危险相关的东西。对纯净感的关注模拟了精细、复杂的道德准则，此种道德准则在诸多文化中管理着饮食和卫生习惯。人类普遍对月经、吃饭、洗澡、性和遗体装殓怀有强烈的道德感。犹太教、基督教、印度教、伊斯兰教和许多传统社会中的诸多道德法则的制定目的就是保持"纯净感"。遵守道德规约的人可能比那些违背道德规约的人更健康。人们之所以遵守这些规约，很可能是因为违反规约会引发人们的厌恶。

在乔纳森·海特所研究的所有文化和语言之中，至少有一个词语同时适用于核心厌恶（蟑螂和粪便）和某些社会罪行，比如肮脏庸俗的政客或伪君子。我们拒绝或反对诸如意识形态和政见等抽象概念，并对此厌恶不已。纵观历史，宣传者利用此种联系，以激发人们对其他群体的厌恶感。纳粹主义宣传者将犹太人描绘成过街喊打的蟑螂和老鼠；在卢旺达种族灭绝期间，胡图族煽动者在图西族人身上打下了蟑螂的烙印。

面部的上唇提肌，作为对食物产生厌恶反应的基本口部或鼻部的构成部分，也能够被道德层面上的厌恶感所激活。此种特征表明，我们的道德厌恶感可能建立于某种古老的食物拒绝体系的基础之上。当我们说违反道德"在我的嘴里留下一种难闻的味道"时，我们可能在无意识间表达了某种深刻的进化关系。

我们的直觉微生物学也可以解释这一事实，即在大多数人类文化中，动物组织是人类最禁忌最喜欢的食物类型。人类之所以对动物组织产生此种矛盾反应，是因为动物组织具有极为丰富的营养，但一旦动物死亡之后，它们就成为病原体的肥沃繁殖地。我们具有摄入动物组织的强烈生理欲望，但同样，也有一系列文化保护和规则制约着我们对动物组织的摄入。我们不愿意摄入动物组织的部分原因可能来自某种"人如其食"的信念，即人类所摄入的动物特征也会在人类身上呈现出来。许多人有意识或潜意识地持有此种观点，即如果你摄入某种动物组织，你会变得更具有动物性。这种信念助长了人们对疫苗接种的反对。人们担心，从奶牛身上抽取的液体注射到人体内会使我们的身体变得更为动物化，然而，人们并不担心因为摄入植物而变得更为植物化。

接受新食物

我们可能以上百种植物和动物为食，但是人类的饮食依然十分保守。我们不愿意尝试新食物或者舍弃熟悉的食物。欧洲人不愿意将土豆和番茄添加在他们烹饪的菜肴之中，即使他们知道这些植物是美洲印第安人的主食。受到此种阻力的制约，新食物是如何被添加到菜肴之中的呢？在确定什么是可接受食物时，香料发挥了至关重要的作用；一旦确定下来，菜肴就会成为人们的固定饮食。

有些人偏爱热食

香料会影响食物的味道，但它们含有的能量却十分稀少。想要得到人类的高度评价和重视，香料必须提供一些其他的益处。一种假设是我们之所以喜欢香料，是因为它们掩盖了变质食物的味道和气味。然而，每年食物中滋生的细菌会致使成千上万的人丧命，使数百万人身体衰弱。即使你陷入饥肠辘辘的状态之中，通过掩盖难闻的气味，食用变质的食物也是一件极其危险的事情。自然选择不太可能偏袒那些食用被香料掩盖的变质食物的人。

抗菌假设听起来更为合理。香料能够保护植物抵御细菌和真菌。与此同时，香料还能保护我们摄入的食物免受细菌和真菌的侵入。最广泛使用的大多数香料都具有很强的抗菌性。在许多传统食谱中使用的香料混合物，其功能更为强大。热带地区比温带地区的致病微生物更为丰富。正如我们所料，传统配方中含有抗菌香料的比例在热带地区中达到最高值。

死亡植物的细胞比死亡动物的细胞中含有更少的病原体。动物的免疫系统在其死亡那一刻起就已停止运作，然后细菌迅速增加。因此，抗菌假设也预测到，在蔬菜菜肴中使用的香料应该比在肉类菜肴中使用的香料更少一些。此种预测已经得到证实。正如几十个国家一百多种传统烹饪书中的两千多个食谱所显示的，在世界各地，每一个食谱中蔬菜菜肴对香料的需求量都要少于肉类菜肴对香料的需求量。一旦人们知晓与摄入非辛辣的食物相比，摄入辛辣的食物更不容易生病这一事实，香料就成为食物是否具有安全食用性的标志。

人们可感染的病原体和可获得的食物随着地理环境变化而发生改变，因此，人们迅速进化出遗传适应性，以处理当地食物的特殊属性。事实上，现居于远离其祖先生存之地的人们，可能会从投入财政资金引进香料中受益匪浅，这些香料成为其传统菜肴的点睛之笔。

为什么人类是唯一在食物中添加香料的物种呢？我们从何时起开始使用香料？人们对这两个问题的答案一无所知，但当我们的祖先开始猎杀那些大型哺乳动物而动物的肉质又无法立即食用时，香料就显得弥足珍贵了。几千年来，人类可能一直在使用香料和盐来储存食物。当人们学会烹饪食物时，香料的价值进一步得到突显。烹饪能够中和许多毒素，让我们能够尽情享用那些本不可食用的植物。猿猴将植物和矿物质作为抗酸剂、泻药和驱虫药使用。当它们生病时，黑猩猩会外出寻找并使用苦味的植物。如果不是疾病缠身，它们是不会摄入这些苦味植物的。

在促进人类谱系快速进化导致的诸多改变中，许多因素可被视为关键性因素，其中包括两足行走、对生拇指、语言、贸易和更为错综复杂的社会组织。人们认为，控制火也是所谓的烹饪假说中的关键因素之一。人类对火的控制能够保护我们免受捕食者的攻击，并促进我们塑造金属和低温共烧陶瓷以及烹饪食物的能力。烹饪改变了我们在体外咀嚼和消化食物的大部分工作。非人类灵长类动物也喜欢煮熟而不是未煮熟的食物。根据这一理论，通过消化过程的"外部采集"，我们释放了能量，以支持脑容量更大、精力更充沛的大脑运作。

什么食物只能在特定时间食用？

许多营养丰富的食物只能在特殊情形下食用。在某些特定时间适合食用的食物可能在其他时间或其他情形下不适合食用。其中一些食物限制完全出自文化规约，但此种现象具有明确的生物学基础。

大约70%的妇女在怀孕前三个月会出现恶心和呕吐（妊娠反应或"晨吐"）的经历。晨吐历来被视为病理性疾病，人们竭尽全力压制此种反应；然而，玛吉·普罗菲特认为，晨吐是一种适应反应，能够阻止母亲摄入对发育中的胚胎有害的毒素。对某些食物的强烈厌恶仅停留在怀孕的前三个月，这段时期，发育中的胚胎最易受毒素影响，也是主要器官形成的时期。最频繁引发人类厌恶或致病的食物中咖啡、酒精饮料、味道鲜美的蔬菜，有时还包括肉和鸡蛋等毒素含量较高。比不遭受妊娠反应的孕妇相比，遭受妊娠反应的孕妇的流产概率和胎儿死亡率更低。在27个以无肉谷物为饮食结构的传统社会中，7个传统社会中的孕妇不具有晨吐反应。如若晨吐是一种进化的适应性反应，它很可能是在我们的祖先离开非洲、发展农业，在其饮食中添加更多的食物之后，近期才得以进化的。

食物和社会地位

食物共享有着古老的根源，此种行为在狩猎采集者中十分广泛。许多鸟类和哺乳动物的雄性都会用食物招待雌性，以博取雌性的芳心。雄性黑猩猩通过分享有价值和难以获取的食物，比如说红色疣猴的部分身体，炫耀自己取得的成就。食物共享还有一个好处，那就是确保在肉类腐烂之前，将食物吃掉。在热带气候中，肉质腐烂的速度极快，通过烟熏和干燥来保存它也十分困难。在这种情况下，食物共享是必不可少的行为。一旦我们开始与他人分享食物，我们就开始利用食物来炫耀。某种难以捕获的食物可以用来炫耀，因为它的确具有价值，且能够清楚显示食物拥有者的猎食技能。

在传统的狩猎采集者社会中，成功的狩猎采集者不断享有更高的社会地位，且增加了其繁衍后代的良机。错综复杂的社会义务网络管理着食物共享行为，诸如狩猎采集者杀戮条纹羚羊的行为意味着每一个人都有幸能够得到一份丰盛的肉。最有可能被分享的食物是被猎取的食物，而不是被收集的食物。

与分享容易获得的食物相比，人们更为广泛地分享高价值和难以获得的食物，尤其是肉类。阿切地区的狩猎采集者在他们的社群里分享肉和蜂蜜，但他们也会分享素食，但仅限于在核心家庭内进行分享。植物类食物的获取主要取决于付出的努力，而非技能。

在狩猎采集者社会中，与技艺拙劣的猎人相比，优秀的猎人平均分享的食物更多。一个技艺绝佳的猎人可以通过猎捕更小、更可靠、共享性较低的猎物，为家人谋取食物福利。技艺绝佳的猎人及其家庭在群体内享有更优的待遇，他们的婚生后代比技艺拙劣的猎人后代的生存境遇更佳。技艺绝佳的猎人同样也会繁衍出更多的非婚生后代；据女性所称，她们更倾向于选择技艺绝佳的猎人作为爱人。意料之中的是，猎人们更喜欢寻找可供分享的资源，并利用这些资源获得繁衍优势。炫耀者往往会远离配偶视线范围之内，花费更多的时间，从而增加了赢得其他异性喜爱并繁衍后代的机会。

男性通常乐于炫耀获取到难以捕捉的食物，但如今，他们依然在孜孜不倦地同巨型蔬菜斗争，尽管大型蔬菜通常比小蔬菜更不易食用。人们可能会试图说服别人，他们在园艺上取得的成功来源于个人拥有的神奇魔法能力。

驯化：使食物更佳

正如我们所看到的，标志着猎物适合作为食物食用的特征能够激发人类积极的情绪反应。我们的祖先通过增强使动植物更有益于身体健康的特征，对植物和动物进行驯化。我们饲养动物，是为了饲养出具有更庞大的体形、更丰富的肉质和更温顺性情的动物。驯养者喜欢植物叶片中温和、低浓度的苦味毒素。他们对不同水果的大小、甜度、果肉与种子的比例、种子与果肉分离的容易程度和贮藏性进行调整，使其可口度不断增加。家养的花比同类野生花体积更大且更为引人注目。一些野生有毒植物如木薯，杂交后产生无毒品种。

肉果（浆果）经历进化的过程，以吸引食用果肉的动物，随后将完好无损的种子从母体植物中排出。大多数的肉果含有丰富的营养，但许多肉果在种子成熟之前均蕴藏毒素。一些水果即使成熟之后也依然含有毒素，其中就包括红辣椒。红辣椒中含有刺激我们嘴唇的化学物质（辣椒素）。这些刺激物是从甜椒中培育出来的，但世界各地的菜系中都加入了辣椒作为作料，这可能是因为它们具有抗菌属性。

果肉中蕴含的能量无法用于生产种子。植物的进化仅能够将足够的资源分配给果肉，以吸引食腐动物。食腐动物可能更偏爱更大、更富营养的食物，但它们对果实大小和营养丰富度的影响甚微。对于食腐动物而言，一年中可供挑选的水果实在是少之又少！多亏了植物驯化，这一状况得到翻天覆地的改变。苹果、梨、桃子、李子、柑橘、杏、橙子、葡萄柚等植物驯化品种的果实要大得多，且与野生品种相比，糖的浓度要高得多。我们甚至通过嫁接繁殖培育出许多种无籽的结果植物。我们之所以能够从这些食物中获益，是因为植物为所需种子源源不断地注入能量。

通过声音获取食物

人们通常悄无声息地跟踪动物，但有时，人们也会制造出一些声音，一边唱歌一边捕猎。人们可以模仿动物的叫声，以引诱它们进入猎杀范围。正如我们在第一章所提及的，猎人们可能会为获取蜂蜜而唱歌，吸引向蜜鸟。我们是能够清晰发出声音的动物。在下一章中，我们将探讨我们是如何变得如此健谈又如此具有音乐感的。

第八章

精通音乐的类人猿

　　雄性红翅黑鹂在深冬夜晚唱的第一首歌让我倍感愉悦。这种独特的感觉让我想起了我和这些鸟一起度过的许多快乐时光，研究它们社交生活的经历，并试图梳理清楚它们发出的警报、与同伴接触的声音以及唱歌的意义。我曾经亲眼目睹过他们通过声音和歌唱来吸引配偶、击退竞争对手，并警告同伴即将到来的危险，比如说鹰从高空掠过。我试图弄清楚唱歌的雄性红翅黑鹂传达的信息以及其他红翅黑鹂如何对这些信息作出反应。

　　我了解到，雄性红翅黑鹂的歌声能够告诉其他雄性同伴，领地已经被其他动物所占领，如果它们侵入此片领地，就会受到领地主人的攻击。另一方面，雌性红翅黑鹂则会将雄性同伴的歌声视作欢迎信号，认为雄性同伴能够帮助它们受精，并协助它们保护和养育后代。雌性红翅黑鹂也会唱歌，但它们并不能吸引异性或保卫领地。红翅黑鹂对其同伴发出的声音和歌声产生明显的情感反应，但我知道，人类无法了解它们内心深处的情感。

部分原因是我所进行的大部分研究都是在野外开展的，我对大自然的声音十分敏感。处于此种环境下，我感觉自己就像狩猎采集者社会和传统农业社会中的成员，但他们的生活更接近大自然的日夜交替，因此，他们比我更了解大自然的声音。比如说，在现代科学家意识到大象之间以超低频的声音进行交流之前，几个世纪以来，中东非洲地区的胡图族和图西族部落早已深知这一现象，并将它们融入到歌曲和故事之中。几千年来，太平洋西北部的特林吉特狩猎者和北极地区的因纽特狩猎者能够通过船壳听到鲸鱼的声音。科学家们在20世纪40年代首次记录了这些数据。

声音是人类历史上宝贵信息的来源。在中非共和国德桑加森林中，巴卡地区的儿童能够识别出各种各样的声音究竟预示着食物还是危险。本章探讨了我们对声音产生强烈情感反应的起源和随后的发展。我在此提出两个问题，并希望能够找到答案。首先，通过关注自然声音和人类同伴发出的声音，我们的祖先是如何提高生存能力的？其次，对自然声音的关注带给人类的益处是如何导致我们自由发挥自己的声音和乐器发出的声音的？我们与关系最为密切的灵长类动物最显著的不同点在于是否精通音乐。

为了理解我们对声音的情感反应如何帮助我们生存，并可能导致音乐的发展，我们需要了解自然世界的声负载作用环境。声景是由物理环境产生的无机声音构成的复杂网络和生物产生的有机声音组成的。此种构造与管弦乐队使用的乐器十分相似，每个组成部分的声音都有独特的频率、振幅、音色和持续时间。各个部分组合起来，便构成了一个特定栖息地的声负载作用环境。重要信息可以通过森林或草地中"管弦乐器"的背景音传达。如果在一块草地上人声鼎沸，这预示着一个没有捕食者的安全环境。相反，声音突然消失可能意味着环境发生了重大改变。在自然世界中，突然的沉默的确会让人警觉。

大自然中的许多声音，如海浪、雷鸣、火山爆发、雪崩和小溪潺潺的声音，均来自于物理环境。许多对动物具有重要意义的物理事件，如暴风雨、狂风、火山爆发和瀑布，都会发出很大声响。其他声音，如空气通过树冠、青草或干树叶产生的声音则较为低沉温柔。

起初，生物产生的声音只是新陈代谢、谋求生存或移动过程的副产物。在4亿多年前，在产生声音的中脑和上脊髓基础上产生的神经回路已然出现在所有发声动物的共同祖先身上，但动物只能发出偶然声音，直到超过四分之三的生命进化时间过去之后才得以改变。有些昆虫、鱼、爬行动物和大多数两栖动物、哺乳动物和鸟类都会发声和歌唱，但即使在今天，大多数动物都保持不发声的状态。许多不发声的动物都能够察觉并对环境中的声音和其他振动作出反应。当飞蛾听到捕食蝙蝠的叫声时，就会立即采取躲避行动。

利用声音渠道进行传播是一项重要的创新。通过声音渠道，动物能够在不暴露自身行踪的前提下规避潜在的捕食者，成功发送信息。视觉信号装置易于发觉，但是声音的来源却很难确定，因为声音会在角落周围转折，并穿透障碍物。与此同时，声音也是发送信号的一种快速有效的方式。动物的发声可以在瞬间从高音转变为低音，从刺耳的音调转变为纯净的音调，从嘈杂的音符转变为柔和的音符，从发声到陷入沉默。动物可以停止发声，但不会即刻消失。许多动物尤其是诸如昆虫、两栖动物和鸟类等小动物，可以从一个隐蔽位置或者在夜晚很难被食肉动物所察觉时，进行信息传播。

对发声动物和非发声动物而言，关注和回应大自然的声音具有生存价值。对于我们的远古祖先来说，关注大自然的声音无疑具有生存价值。水流湍急声可能预示着前方有危险的急流。声音可能揭示出垂涎已久的猎物、危险的掠食者或心怀叵测的人类敌人的出现。蜜蜂的嗡嗡声可能表明蜂蜜所在的位置。注意动物声音的猎人比忽视动物声音的猎人更容易取得狩猎成功。

一些鸟类和鲸鱼把叫声汇编成我们所说的悦耳歌曲。它们通过二重唱的方法，互相模仿、竞争空间和配偶。许多鸟通过聆听同伴的声音学习歌唱，它们可能还会形成方言，然而，大多数灵长类动物的叫声相对来说比较简单且具有固有属性。人类与我们的近亲灵长类动物的不同之处在于，我们能够精心制作出音乐。那么究竟是什么促进了人类制作音乐能力的发展呢？

纷繁的人类文化造就了音乐

每个人都可能唱歌，每个人内心都住着一个歌唱家的灵魂。如果你认为自己不会唱歌，就到森林里去吧，尽情展露歌喉。很快，树木将通过摇摆和晃动叶子对你的歌声作出回应。

　　　　　　　　　　　　——摘自一位梅诺米尼长者的话语

制作音乐源远流长且无处不在。在现今所知晓的人类文化中或历史上的所有时期内都有对音乐的记录。音乐能够引发人类强烈的情绪，如愉悦、狂喜、开心、悲伤、恐惧和厌恶。音乐对我们的思想和身体均产生了巨大影响。自远古时期以来，音乐治愈疗法在诸多社群中均得以广泛应用。许多医院和诊所利用音乐来安抚病人和减少病人对全身麻醉的需求。如果能听到摇篮曲，早产儿的体重增加更快且能够更早地离开医院。

值得注意的是，像音乐这种非人类生活所必需的东西，竟然能够对我们的生活产生如此深刻的影响。音乐能够唤起人类的强烈情感这一事实表明，与情绪反应较弱的个体相比，具有这些情绪反应的个体能够更好地生存，繁衍后代的成功率也更高，但究竟为何会引发此种结果呢？

一百多年来，音乐的起源和功能已经引起了诸多学者的广泛关注。20世纪上半叶，在民族音乐学领域，对音乐和舞蹈社会文化方面的研究在当地乃至全球语境下蓬勃发展。学习音乐者想要了解音乐的起源和演变以及音乐在人类心灵中占据的位置。他们运用社会科学领域的诸多理论，以阐释全球范围内音乐的形式和意义。国际传统音乐协会成立于1947年，随后，民族音乐学协会于1958年成立。

民族音乐学研究的一个有趣例子是"歌唱测定体系"项目。此项目成立于1959年，其目标是检验阿伦·洛马克斯关于文化的音乐风格这一理论，即一种文化的普遍音乐实践反映了其社会组织和生活方式。在与他人的共同协作下，洛马克斯分析了四百多种文化背景下的四千首歌曲。他的主要结论载于一本书中，即"一种文化所青睐的歌曲风格影响并强化了这种行为，这种行为对其主要的生存努力以及对其中和控制的社会机构至关重要"。洛马克斯所研究的大多数社会中的人类生活以狩猎、采集、捕鱼、饲养动物、园艺为主，当然，还包括政治。从他们的歌曲风格中可以反映出这些最重要的人类活动。我们无法复原遥远祖先所创作的音乐，但洛马克斯的发现可能为远古音乐的创作形式提供一些有价值的线索。

音乐的起源

第一个认真思考音乐演变的人当属查尔斯·达尔文。达尔文的妻子艾玛是一位天才钢琴家，她每天演奏钢琴的习惯使达尔文沉醉其中。达尔文的家庭生活和他对音乐的热爱显然对他的思想产生了深刻的影响。在其所著《人类的由来及性选择》一书中，达尔文使用长达十页和六页的篇幅，分别对鸟鸣声和人类创作的音乐进行了描绘。他认为这两种现象都是性选择的结果，也是起源于性选择的特征，人类将其阐释为吸引性伴侣的演唱。达尔文认为，人类能够轻而易举地获得捕捉音符的能力，此种能力是作为辨别声音，"能够识别声音的耳朵——以及每个人都高度认可此种能力对于动物的重要性——必然对音符十分敏锐"的连带后果产生的。达尔文得出结论，如若雄性鸟类向雌性鸟类施展歌喉，必然是因为雌性鸟类对歌声拥有深刻的印象："除非雌性鸟类能够欣赏此类声音，并闻之兴奋或深深着迷于此，否则仅凭借雄性鸟类坚持不懈的努力以及歌声的复杂结构，是毫无用武之地的。这实在令人难以置信。"最终他又提出，"很可能人类的祖先，无论是男性、女性还是男女双方，在获得用清晰的语言表达彼此倾心爱慕的能力之前，都在试图努力用音符和节奏来吸引对方的青睐"。

达尔文关于鸟鸣富有洞察力的猜想很快就为人们所接受，但他认为"人类音乐演变以发挥同样功能"的观点直到最近才被人们所重视。克劳德·列维·施特劳斯表达了文化人类学家的典型立场，如下所述："由于音乐是唯一一种具有既可立即理解又不可翻译的矛盾属性的语言，音乐创作者才是可与诸神相类比的人类，而音乐本身则是人类科学的最高奥秘。"换言之，我们又一次揭开了彩虹之谜。

但如今观点已然发生改变。在 2005 年出版的《歌唱的尼安德特人》一书中，斯蒂芬·米森认为，"如果仅仅是人类的近期发明，音乐无法如此轻易深刻地激发我们内心深处的情感。我们的身体也不会如同今天一样，当我们聆听音乐时，我们会自发敲击手指和脚趾。事实上，即使我们坐着静止不动，我们大脑运动区也会被音乐激活"。

　　近几十年来，来自不同学科的思想家们提出了关于人类音乐如何产生的新猜想。有些人认为音乐是聪明的头脑或是能够意识到人类发展出一种详尽博学的文化，或者是拥有维持身体所消耗之外的剩余能量的副产物。这些解释都不能说明问题，即音乐是否具有适应性优势。这些论点几乎没有进化意义，因为剩余能量可以转化为脂肪或用于合成身体所需产品，增强个人的健康体质。消耗大量能量但毫无益处的多余脑组织很快就会在自然选择中被消灭被淘汰。

　　大多数理论家都在认真寻求音乐既定群体选择机制的适应性价值，换言之，他们认为这种音乐有利于社会团体，而不是使那些制作和对音乐作出反应的个体受益。尽管一个群体可能从其成员的音乐创作中获益，但通过向团队假设音乐带来的诸多益处，想要对音乐演变的理论进行解释依然面临着突如其来的问题。如果制作音乐能够使团队受益，但对于表演者来说要付出高昂的代价。在不引发此种高昂代价的同时，如果能够节省时间和精力，个体依然能够从中获益。他们可以说是不劳而获。因此，这些不劳而获的个体就会随之增加，当然是以牺牲表演者的利益为代价。由于此种不劳而获的问题十分严重，我将讨论局限于那些能够识别有益于关注和创作音乐的个体的相关假设。

　　我们在本书中看到，使我们取得成功的行为往往是我们能够从中得到回报的行为。因此，如果注意并对大自然的声音予以回应，正如我们祖先取得成功一样，这样做从本质上来说应该是十分有益的。此外，那些预示环境中最重要的变化的声音，应该能够激发人类最强烈的情绪反应。

　　然而，我们并没有显而易见的理由认为，关注和回应大自然的声音应该促进音乐的发展。大多数物种的个体都能够从关注大自然的声音中获益，但他们中的大多数人并没有对音乐的发展做出贡献。音乐与几乎所有的人类活动形影不离，如狩猎、放牧、讲故事、玩耍、洗涤、进食、祈祷、冥想、求偶、结婚、治疗以及安葬。强大的选择性力量一定施加于人类身上，让我们成为数以百万计物种中最具乐感的物种。想要知晓这些选择性力量究竟是什么，对历史作一次短暂的考察可能有助于我们理清思绪。

音乐史

　　音乐起源的物理痕迹早已在历史的重重迷雾中消失殆尽。早期的声乐并未留下痕迹，但我们有理由相信，歌唱具有源远流长的历史。20 世纪 80 年代末，法国考古学家在法国西南部探索史前洞穴时进行了歌唱。他们发现在洞穴内，尤其是大多数绘有画作的室内，会产生共振频率。由此，考古学家得出结论，这些洞穴是以音乐伴奏来举行仪式的场所。

器乐可能最初是以打击乐器出现的——人们拍击臀部、腹部和大腿，拍手并踩踏地面。乐器的制造至少可以追溯至 5 万年前。人们从旧石器时代晚期地层中挖掘出饰以串珠的响尾蛇、刮刀、吼板（澳大利亚等地土著用于宗教仪式的一种旋转时能发出吼声的木板）和骨笛。最早为人类所知的乐器是斯洛文尼亚的骨笛碎片，大约有 44000 年的历史。德国西南部的费尔斯窟中的乐器至少有 4 万年的历史；德国南部的盖森克尔史泰尔洞穴中的乐器大约有 36000 年的历史。

尽管人类创作音乐已有至少 5 万年的历史，直到大约 4000 年前中东地区的人们发明了乐谱，人类才得以捕捉和保存音乐形式。随着乐谱的发明，我们逐渐以重复表演的形式，通过音乐抒发不同的情感。

通过集中关注以下几个问题，我们可以梳理清楚对音乐起源和演变的思考：首先，通过唱歌、吟诵、哼唱、吹口哨、跳舞、击鼓、玩乐器等方式，能够发挥何种适应性功能？第二，是谁制定了这些信号，产生了什么样的行为变化，谁又能够从中获益呢？第三，制作和聆听音乐的成本如何？这些问题需要我们提出针对音乐话语起源的猜想，并对"从事音乐行为活动如何提高表演者的生存和繁衍后代的能力，其他成员是否也能够从中获益"进行阐释。

制作音乐的成本和收益

许多理论家认为，由于表演和聆听音乐是无成本的，音乐和其他艺术也可能是其他适应行为的副产物，如"对地位的渴望、体验自适应对象和环境的审美愉悦感以及为达到预期目的而设计作品的能力"。很显然，这些适应行为有助于我们对音乐审美的塑造。此外，参加某种音乐活动的决定对现代人来说几乎无需任何成本。然而，对我们的祖先来说，制作音乐需要付出高昂的成本，主要有以下三个原因：

首先，制作或聆听音乐能够增加机会成本。当演奏或聆听音乐时，我们无法同时进行许多其他活动。传统意义上而言，唱歌伴随着一些工作，如划艇、犁和收割以及拖动渔网。在这些工作中，个体的动作协调非常重要。我们可以一边唱歌一边做饭、喝水、寻找食物，但我们在演奏乐器时却很少能腾出手来做其他的事情。

第二，唱歌、演奏乐器和跳舞都十分消耗能量。我们在劲舞时产生的新陈代谢率是我们处于休憩状态时的 6 倍。跳舞和游泳一样，会大量消耗人体的精力和能量。与快走相比，跳舞消耗的精力和能量是前者的 2 倍。用力击鼓也会消耗同等的精力和能量。传统社会中的舞者经常会感到精疲力竭。具备长时间表演复杂的舞蹈动作的能力既需要体力充沛，也需要肌肉协调。

第三，参与音乐创作的个体通常对周围的环境有所忽视。这通常会使早期历史中的人类表演者和听众易于受到突然袭击。音乐遮盖了其他声音，并暴露了人群所处的位置。在演奏音乐的群体尚未觉察的情况下，食肉动物和心怀叵测的人很容易找到和接近他们。

那么何种受益可以抵消这些制作音乐的成本呢？换言之，从进化论的视角来看，制作音乐能够给人类带来何种益处呢？

人类能够从制作音乐中获得何种益处呢？

制作音乐通常是一种群体活动，在许多文化中，音乐是与舞蹈密不可分的。在诸多文化里，舞蹈在求偶过程中发挥着重要作用。马赛族的勇士们通过唱歌和跳舞，在聚集的少女们前面，展示他们的英气勇猛，用歌声歌颂他们的男子气概。

群舞、有节奏的拍手和吟唱都能够释放大脑中的化学物质，这些化学物质可以提升运动员和勇士的亲和力：在1944年诺曼底登陆时，苏格兰兵团在风笛手的带领下投入战斗。毛利人将传统毛利战舞运用于战斗之中，以使敌人产生胆怯心理，畏缩不前。后来新西兰国家橄榄球队"全黑队"将毛利战舞运用于橄榄球场中。唱歌和跳舞增强了人与人之间的联系纽带，激发了我们热爱事物的情感以及愿意为团体利益而行动的自愿精神。

在动物界里，歌曲被广泛用作一种信号，通常与引人注目的视觉表现结合在一起使用。许多昆虫和两栖动物通过歌声进行交流。雄鸟用歌声来宣称对领地的主权、称霸领地，赢得配偶的芳心，使其常伴身边。在建立长期爱侣关系纽带的诸多鸟类中，许多鸟类通过参与精心制作的二重唱，建立此种关系纽带。

一些灵长类动物利用叫声来捍卫自己的领地、公开寻找配偶，或两种目的兼备。此外，它们还利用叫声预示捕食者的出现，但这些叫声充其量只能称得上是简单的歌曲。我们人类是唯一掌握真正歌唱本领的灵长类动物。那么我们的歌唱能力究竟是如何产生的？又为什么会产生此种能力呢？

音乐起源理论

除了解释音乐如何何惠及演奏者和听众们之外，所有关于人类音乐起源的理论都必须对"音乐如何变得如此精雕细琢"进行阐释。一些理论旨在解释音乐的起源，但没有通过"演奏者和听众都必须从中受益"的测试。当提及制作音乐的高昂成本时，其他理论就显得闪烁其词了。大多数理论无法解释音乐能力是如何演变并引起人们强烈情绪的。尽管如此，这些理论中的某些观点有助我们理解音乐的起源。

源于语言

语言经常被视作音乐发展的来源。作为一种早期的音乐形式，吟唱夸大了语言的模式、音调和节奏。佛教圣歌起源于口头语言，它们受诸如"保持音调平稳无差错"等定性规则的支配。

然而，语言本身并不能解释音乐的发展。此理论的一个反面观点是，我们在大脑的不同区域处理音乐和语言。左脑处理语言，而音乐的处理则需要左右脑共同协作。简明易懂、朗朗上口的歌曲的节奏成分如童谣，在右脑经受调节，而歌谣的词句则在左脑经受处理。这也能够解释医生为何鼓励那些左半身中风后失语的人通过童谣来恢复言语功能。这些口语歌曲最简洁的形式主要存储于未受损的右脑之中。

在知晓"不同的神经网络调节音乐和语言"这一事实之前，科学家们了解到，尽管有些人被严重的语言缺陷所困扰，但他们仍然具有正常的音乐能力。俄国作曲家维沙翁·雅科夫列维奇·舍巴林，在还是一个小学生的时候，就谱写出第一部交响乐曲。之后，他当选为莫斯科音乐学院的教授，许多著名的俄国作曲家都曾经受他的指导。1953年，在舍巴林五十岁时，他患了轻度中风，这场病导致他的右手、右侧脸颊不同程度地受损，且干扰了他的正常言语，随后得以痊愈。但在1959年10月9日，他患了更为严重的中风，引发了右侧身体的部分瘫痪，几乎摧毁了他的说话能力。随后得以部分康复，但他仍然觉得很难与他人进行交谈，理解他人所说的话语对他来说更是难上加难。1963年5月29日，舍巴林在第三次中风中溘然长逝。值得注意的是，仅在去世前几个月，他完成了第五部交响曲。德米特里·肖斯塔科维奇将这部交响曲描述为"一部充满激情、乐观和盎然生命力的杰出创意作品"。

即使我们接受音乐起源于语言的说法，这一理论依然无法解释"制作音乐如何变得如此精雕细琢"或告诉我们"为什么音乐造福了我们的祖先"。它也未能为我们对音乐强烈的情感反应提供合理的解释。

起源于对动物声音的模仿

在诸多理论中，瓦莱里乌斯·盖斯特、威廉·本顿和伯尼·克劳斯所赞成的理论是，音乐是从模仿其他动物发声发展而来的。特定的大脑区域包含镜像神经元。当我们执行一项活动和观察到另一个从事这项活动的个体时，镜像神经元就会被激活。因此，模仿具有深刻的神经基础。

声音模仿的假说十分具有吸引力，因为这一假说无需经历自然选择从虚无中创造某物。模仿动物发声的人也可能试图模仿动物的动作和行为，习得某种仪式和舞蹈。布须曼人通过轻柔而有节奏地敲打他们的弓，表现出典型动物的步态。在许多文化中，动物的叫声是音乐的一部分。巴西马托格罗索州的卡亚比人模仿鸟类、水獭、猴子和美洲虎的声音。因纽特人模仿鹅、天鹅和海象的叫声，将这些动物吸引到射程范围内。 澳大利亚土著人模仿鹰发出的警报叫声，让一只正在奔跑的蜥蜴在原地僵住，这样它就更容易成为目标。

模仿同一物种其他成员的声音能够实现多种目的。歌声可以宣称对领地的主权，并建立相邻个体之间的关系。许多鸟类学习当地方言，从而大大减少了消极互动，因为已建立联系的个体之间十分熟识，可以避免无意义的竞争。然而，除人类以外，所有灵长类动物的声音模仿都无法发挥重要的作用。

模仿需要自发控制发声器，这是音乐的必要前驱动力。反过来，此种控制可能有利于改进声乐设备，以促进各种声音的顺利产生。正如苏珊·布莱克默所说，"模仿需要三种技能：决定模仿什么，从一个视角到另一个视角之间进行复杂的转换以及与之相匹配的身体动作的产生"。此外，还需要知道在何种语境下使用不同的模仿。我们的灵长类亲戚似乎缺乏此项技能。尽管与灵长类动物相比，鸟类的体形要更为娇小，大脑容量也相对较小，发声结构也更为单一，有些鸟类的确是技能高超的声音模仿者。当然，如果能够从模仿中受益，灵长类动物也会充分利用声音模仿。

毋庸置疑，对我们的祖先而言，在狩猎和社会交往的过程中，模仿其他动物的能力能够产生直接价值。尽管如此，这一理论依然不够充分。我们需要额外的因素来解释音乐的精雕细琢和我们对情感反应的显著强度。模仿仅仅提供了一个开端，但它本身并不能令人产生兴奋情绪。

源于母婴交流

艺术理论家艾伦·迪萨纳亚克支持"音乐是从母亲和婴儿之间交流中发展出来的"这一理论。事实上，在世界各地的文化中，音乐和摇篮曲的结构十分相似。婴儿和母亲通过音乐和身体节奏形成紧密相连的纽带。

婴儿主导的言语，我们称之为"儿语"，整体音调较高、音高范围更广、元音和停顿时间更长、音节更短，与正常成人语言相比，重复语更为频繁。早在能够理解词语意义之前，人类婴儿对语言韵律、节奏和旋律感兴趣并十分敏感。这些被放大的信号在婴儿的大脑中被处理为"良好的"和"亲和的"信号，被转化为快乐和愉悦的情绪。伴随此种情绪而来的是婴儿主导的言语和面部表情，这些言语和表情加强了母亲与婴儿之间的情感纽带。最终，低声细语演变为"儿语"，我们称之为摇篮曲。

尽管如此，母婴纽带尚无法解释通过表演和聆听音乐产生的强烈情感。婴儿言语（儿语）很可能是在人类神经系统对旋律和节奏敏感之后发展起来的。

源于领土和警报呼号

长臂猿、黑猩猩、大猩猩、红毛猩猩、叶猴（雄性黑叶猴）、疣猴（东非黑白疣猴）和粗尾猿（吼猴）发出长叫声，以宣称他们对领土的主权，并向同类传播个人、食物和捕食者的位置。这些长的呼叫声由响亮、纯净的音调组成，先是急促的叫声，再而转变为悠长的叫声直至消隐。悠长的叫声主要是由占据主导地位的雄性猿猴发出，或在成对的长臂猿的二重唱中发出。呼叫者捍卫其领土主权，并提醒近亲注意资源或危险的存在。对于小组成员来说，这些资源或危险的情况至关重要，因此他们应该竭尽全力激发所有信号接收者的强烈情绪反应。把叫声转换成简单的歌曲类型仅需要维持稳定的节奏即可奏效。早期的人类祖先很可能使用了类似的发音。

这一理论符合为呼叫者和接收者提供直接益处的标准。与此同时，这也能够解释为什么悠长的叫声会激发强烈的情绪。在许多男性群体中，为了吸引注意力和赢得领导权而举办的声乐比赛就是一个很好的例子，基于此，人们对叫声和节奏的融合展开更深入的阐述与研究。然而，目前的理论形式无法解释为什么仅仅是灵长类动物的悠长叫声经历更为复杂的进化，从而演变为音乐。通过性选择，这一理论提供了关于音乐演变更全面的理论一项的重要组成部分，下面我将就性选择进行相关阐述。

通过性选择进行阐述

正如我们已经论述的，查尔斯·达尔文首先提出，普遍意义上的声音传讯行为，尤其是音乐传播，是由于性选择而发展起来的。达尔文这一论点似乎是正确的！某些雌性鸟类更易于受到具有更为丰富歌曲曲目的雄性鸟类的强烈吸引。座头鲸能够利用歌声进行阐述也很可能是受到性选择的影响。

为什么女性需要关注潜在配偶所掌握的歌曲曲目呢？"发育压力假说"为"为什么具有创作复杂歌曲曲目的能力是雄性鸟类素质的可靠指标"这一问题提供了解释。学习和创作歌曲是一项复杂的认知任务。它需要一个专门的神经系统，当个体迅速生长且可能出现营养不良、疾病以及其他压力等症状时，神经系统得以发展。在当下，许多其他的生理和解剖系统正在竞相争夺极为有限的能源供应。因此，能够生机勃勃、一展歌喉的雄鸟实际上是在彰显其健康的体魄和优美的体形。

许多动物的求偶表态伴随着发声。这些表态中的绝大部分都需要耗费发展和实施求爱行为的时间和机会。因此，求偶表态能够表明求偶表演者的素质。如同鹿角或色泽鲜艳的鸟类羽毛，发声同样彰显了良好的基因。唱歌和跳舞给我们的远古祖先带来了何种益处呢？在早期人类社会中，女性会通过评估能够跳出雄健优美舞蹈的身体机能和男性的呼喊声，并根据此类评估来选择伴侣。男性则会通过观看女性跳舞和评估竞争对手的舞步的方式，并利用这些信息来评估其他男性在狩猎和作战中是否能够结为伙伴的可靠性。如若要挑战其他人以获得社会统治地位，他们也会对成功的可能性进行评估。

我们可以在现代社会的音乐创作活动中看到人类音乐性选择理论的相关论据。在现代世界和整个人类历史中，音乐创作是一项共享的活动，主要由小团体中的男性成员开展实施。观看男性实施音乐创作的女性可能会用自己的音乐作为回应，但直到最近，小团体的女性才得以登台表演。

演奏出最佳音乐和跳出最优美舞蹈的男人对女性的吸引力更为强烈。在肯尼亚，基库尤妇女对于倾听音乐充满了浓厚的兴趣：她们向成功的横笛吹奏者奉上食物和饮料，以此表示欣赏。在特罗布里恩群岛，拥有优美嗓音的男性必然能够获得女性的青睐。正如一个当地人所说，"喉咙就像是一条长长的通道，双方互相吸引。具有优美嗓音的男性生性喜爱美色，而女性也对此类男性青睐有加"。在诸多社会中，人们会举办具有竞争性的男性唱歌比赛或宴会，获奖者会得到热烈的掌声，有时还会收到物质礼物。

如今，由发声能力带来繁衍后代的益处是显而易见的。摇滚明星的性伴侣数量可能是其他男性的数百倍。吉他手吉米·亨德里克斯在 27 岁时死于过量摄入用来激发其音乐灵感的药品。在其短暂的一生中，他与数百名女性发生过性关系，并与两名女性同时保持着长期的性关系，他的子女遍布于美国、德国和瑞典。在我们远古祖先生存的条件下，如果没有现代的节育方法，他很可能会拥有更多的子女。

在作为解释音乐起源和发展的诸多因素中，性选择最能说明音乐创作令人难以置信的情感阐述。如若果真如此，为什么类似关于发声的阐述不适用于其他灵长类动物呢？哪些因素支撑了我们祖先在唱歌跳舞方面的进化和演变？

其中一个重要的因素是，早期人类生活在复杂的社会环境之中，在获得资源和赢得配偶方面，个体之间存在着激烈的竞争。此外，婴儿依赖于成年人的时间大大延长了现代人类的血统，要求男性为其后代提供长期的呵护和照料。在此种情况下，女性一年四季都能够接受性生活，排卵时间不再明显。人类女性生殖周期的这两个特征增加了女性选择配偶的机会，并使女性能够选择一位男性来抚养她的孩子，另一位男性来照料他们。总而言之，这些进化能够强化性选择。在当今社会，这些进化依然发挥着强有力的作用。

音乐的普遍性

由于音乐具有深刻的进化根源，所有文化中的音乐都应该共享基本的结构特征。然而，对音乐普遍性的探索历史悠久，但相对来说却并无显著发现。在探索中屡屡受挫的经历促使一些研究人员得出结论，音乐不具备任何深层结构，但调查人员可能一直在寻找错误的东西。不同音乐传统之间的显著差异吸引了研究人员对这些差异作出相对可能的解释，让他们从寻求内在相似性的研究中解脱出来。研究人员对此种显著差异的关注能够解释为何所有语言的普遍深层结构一直处于尚未被发掘的状态，直到 20 世纪 60 年代才初见成效。

在过去的二十五年间，可用的技术给我们带来了对音乐头脑的崭新看法和见解。正电子发射型计算机断层显像（PET）和功能性磁共振成像（fMRI）的相关研究表明，语言和音乐均依赖于广泛分布的神经网络，其中一些神经网络是重叠的。我们复杂的听觉通讯可能随着我们的大脑和伴随的皮质偏侧化的扩张而发生共同进化。如果让在生活中只参加过不到三年音乐课的人们戴上一组耳机，首先在其左耳内播放音乐，由大脑右半球监控，与在其右耳内播放音乐相比，他们能够更为快速地识别曲调。认为"所有音乐都具有基本的结构特征"这一说法归因于两种元素：旋律和节奏，这两者是音乐的普遍组成成分。第三个成分——和声，似乎只存在于某些音乐传统之内。现在我们将依次探讨这三种元素。

旋律

迄今为止，人类所知最古老的乐曲是纯粹的声乐旋律。

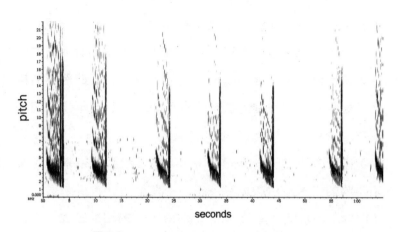

图 8.1

峡谷鹪鹩（墨西哥鹪鹩）"翻滚之歌"的谱图，描绘了声音随时间变化的频率（音高）。

康奈尔大学鸟类学图书馆提供。

世界各地现存的旧石器时代文化所使用的是两种曲风明确的旋律风格。一种是"翻滚曲调"，此种旋律是模仿一些鸟类使用的乐曲形式。所谓"翻滚曲调"，是指这样一种音调：开始时跳跃升至响亮高音的旋律，接着，声音通过跳跃或滑行逐渐降低，直到几乎听不见的低音，然后再次跳跃至最高音，重复下降（图 8.1）。这些曲调，类似于愉悦的叫喊或愤怒的哀嚎，可能源于此种爆发的张力。将此种"翻滚曲调"

付诸实践并非易事。奥利弗·萨克斯认为，最初的翻滚曲调是猛烈而无规则的，音阶上也无固定模式可循。这些张力逐渐变为周期性的模式。

第二种则是不那么情绪化的旋律类型，其中可能只包括两种变化的曲目音高。声音上下移动，或多或少地描述一种水平锯齿形曲线。这些旋律类似于小孩子吟唱的第一首牙牙学语的歌曲的单音符和双音符模式。

节奏

所有的音乐都有节奏。如今，我们早已熟知大脑产生节奏的方式。大脑的左右两侧处理节奏感和和声感。和声音程的基本感知位于右脑的听觉皮层。节奏技巧主要受左脑控制。人们利用成套测验来估量音乐能力，结果显示，可以将人们分为两组，一组掌握音调技能，另一组掌握节奏技能。我们中的有些人极具和声感，但没有节奏感，反之亦然。我们中的一些人不具备其中任何一项技能。

和声

复调音乐，即一次演奏多个音符，也具有漫长的历史渊源。原始的复音，至少带有某种音符和片段的混合，是大多数文化中某些旋律的特征。然而，所有的中国传统音乐都是具有旋律的，但不具备和声。汉族音乐家的所有演奏版本都是在同一条旋律线上进行的。阿拉伯音乐中的某些流派是复调的，但绝大多数阿拉伯音乐强调旋律和节奏，而不是和声。

在西方音乐中，高度发展的和声始于中世纪基督教僧侣

图 8.2

1470 年前后，法国拉博德侯爵（1807—1869）所珍藏的一本牛皮纸所制的中世纪歌谣书，命名为《拉博德所藏歌曲集》。

美国国会图书馆提供。

的圣歌。在圣歌中，上下波动的单个旋律线不超过一两个音阶。大多数音符都持续很长时间，且没有规律的节拍（如图8.2）。吟诵实则是祈祷，言语比音调重要得多。

和声取决于某些声音达成和谐一致这一事实；换言之，它们是辅音。不协调的声音是不协和的。神经学、声学和音乐理论都有助于理解不协和这一概念。神经系统的解释存在于中耳的结构中。纯频率声音刺激位于薄膜周围特定点上感受器的最高激活水平，但两侧的接受器也会起作用。当它们的临界频带重叠，并干扰彼此的激活时，双频率就形成不协和音程，这就是为什么频率非常接近的音调不协和的原因所在。

归根结底，不协和是一种缺乏秩序的表现，协和是井然有序的存在；然而，众所周知的一点是，我们的耳朵和大脑会适应早先或未经训练的听众所无法忍受的不协和音调。作曲家可以利用不协和音调，通过远离乐曲的音调中心来吸引听众的注意力，值得注意的是，此种远离乐曲音调中心的做法不足以引发听众的焦虑，也不至于破坏乐曲的音调中心。

期待与音乐乐趣

我们听音乐是因为音乐能激发人类的强烈情感，其中大多数都是令人倍感愉快的音乐。然而，在过去几个世纪里，西方美学哲学家都反对这样的观点，即普遍意义上的艺术尤其是音乐与"纯粹的愉悦感"息息相关。音乐评论家爱德华·汉斯利克（1825—1904）将对音乐的生理和心理反应视为"无理由的"。大多数西方美学哲学家用"愉悦"这个词来暗示某种原始的身体感觉，对此种愉悦感进行研究并非是通晓世故的人们的关注点所在。但所有的愉悦感都是生理性的。"愉悦感不是引发创作和聆听音乐假设的动机"这一观点是令人难以置信的。

大自然中悦耳的声音

如果对大自然的声音作出积极和消极的反应是人类音乐的起源之一，那么在音乐和大自然中，能够让我们倍感愉悦的声音和模式应该是十分相似的。这一论断可能是正确的。

鸟类歌声之所以令我们倍感愉悦和悦耳，是因为歌声中的节奏与人们创作音乐的节奏十分相似。当鸟儿创作歌曲时，它们常常使用相同的节奏变化、音高关系、排列，以及作为人类作曲家所使用的音符组合。歌唱的座头鲸使用乐句的持续时间一般为几秒钟；在吟唱下一个主题之前，它们会从几个乐句中创作出乐曲主题。尽管它们能在至少七八度音阶的范围内唱歌，座头鲸会在不同音符之间使用音程，此种音程类似于人类音阶的音程。它们吟唱的歌曲中包含形成节奏感的重复叠句。鲸鱼在它们的歌中混合打击或声音元素；此种混合比例类似于西方交响音乐中使用的打击或声音元素的混合比例。一些座头鲸的歌声中包括对主题的陈述，详细描述的章节，再而返回到对原始主题进行稍微修改过的版本（即 A–B–A 音节形式）。

许多鸟类通过与"变化的主题"相对应的方式来表达它们的发声。年轻的个体通过倾听自己和他者的声音来练习唱歌，并发展其所掌握的音乐曲目。有些鸟鸣使用与人类作曲家所使用的相同的节奏变化、音高关系、排列和音符组合。事实上，鸟鸣包含了人类音乐中每一种基本的节奏效果。人类将与人类音乐相似的、使用纯音调和节奏的动物叫声视作令人愉悦的音乐。与人类音程相同或相似的鸟鸣中的音程可能极具乐感。鸟鸣的一个主要特征是其悦耳的音质，此种音质是通过纯净的声音实现的，此种声音的频率范围有限且谐波或泛音很少。被视作小音乐家的鹪鹩和普通林鸮所吟唱的歌曲，通常被视为最美的鸟鸣，使用五声音阶，这也是传统音乐的一个共同特点。

文化和训练影响人类的音乐品位

尽管具有显著的多样性，人类音乐仍遵循基本的模式，此种模式在很大程度上与所有人类语言的深层语法相一致。尽管可能存在某种形式的普遍音乐语法，其他文化的音乐也许与我们耳熟能详的音乐有所差别，因此，我们可能将此类声音视作非音乐的声音。在日益全球化的社会中，随着西方"世界"中听众和市场需求的增加，这一认知已然开始发生改变，他们更易于接受具有挑战性的结构、音调和不协和的"世界"音乐。

在一种文化中，初次听到音乐创新这一词语，也许会令人感到不快甚至是令人愤慨。然而，在人们多次聆听新的节奏、旋律或和声时，人们更易于将此种新音乐视为令人愉悦的乐曲。大多数人在同龄朋友的青春期获得音乐品位，他们经常在余生中保留这些音乐偏好。

即使社会纽带的建立不一定是最初导致音乐发展的因素，一旦我们在进化过程中发展了对音乐的情感反应，音乐显然就具备了多种社会功能。如今，音乐与活动同步化、减轻无聊情绪、舒缓紧张、激发群体身份感，并传递政治和宗教信息。仪式音乐和舞蹈触发了形成社会纽带的大脑机制，这表明仪式舞蹈有可能是创造所有社会互动所依赖的信任感的必要条件。

　　事实上，大多数人通过保持与同龄人的一致喜好来发展他们的个人音乐选择。我们的音乐生活既受到全球音乐的影响，也备受同龄人音乐偏好的影响。

第九章

初次感知嗅觉

女性认为，与男性相比，她们拥有更好的嗅觉。这一判断是正确的。平均来说，与男性相比，女性在浓度较低处就能够侦测到气味，并更善于辨别这些气味。即使是一周大的女婴，与一周大的男婴相比，也会将头部转向散发新奇气味的方向，并花费更多的时间去闻气味。

为什么与男性相比，女性对气味更为敏感呢？一个原因可能是在人类进化历史的大部分时间里，女性是水果、蔬菜和小动物的主要采集者。敏锐的嗅觉有助于提高她们定位水果所在位置、判断水果的成熟度、评估食用水果的相关风险，以及估测在非洲热带稀树草原环境中，各种潜在可食用性植物的品质的能力。对于那些猎杀踪迹不定的哺乳动物和鸟类的男性狩猎者而言，敏锐的嗅觉并无发挥余地。另一个原因是普遍来说，女性比男性更为挑剔，她们善于利用气味，以挑选配偶作为其子女的父亲。

我们也会利用身体气味，将其作为部落标记：哥伦比亚的德萨纳人认为，基于遗传和成员所摄取的食物，每个部落都有其特有的气味。作为狩猎者，德萨纳人散发出他们所食用猎物的气味；他们的邻居塔普亚人，主要以鱼类为食，被认为身上散发着鱼的味道。与塔普亚人为邻的农民——土卡诺人，据说闻起来有树根和蔬菜的味道。人类气味感知专家艾弗里·吉尔伯特写道，每一种文化都有一种气味难闻的食物，每一位成员都必须摄入，才能被认为是真正的土著人。除非你摄入了"冰岛干鲨"（腐烂发酵后的鲨鱼肉），才能被视为真正的冰岛人。日本本土人食用一种散发着杂酚油气味的大量发酵的大豆，即纳豆。瑞典北部的人们在制作鲱鱼罐头时，将发酵鲱鱼置于桶里发酵几个月，接着把它们装进罐头密封长达一年。当拆封罐头时，罐头内释放出的强烈气味常被比作臭鸡蛋、醋和腐臭黄油的气味。基维亚克是源自格陵兰岛因纽特人的一种传统食物，由数百只海雀制作而成，包括它们的嘴、脚和羽毛，被保存在被掏空的海豹体内，海豹皮中的空气被抽空排出，缝好后并用油脂密封。在冬季，因纽特人会食用散发阵阵臭味的发酵鸟，特别是在生日和婚礼宴会上食用此种食物。

吉尔伯特可能会夸大其词，但菜系的确发挥了强大的文化身份印记的功能。尤其是散发气味的食物，是强烈的文化印记，它们在高纬度地区的分布尤其普遍。真正的信徒声称，他们觉得此种散发气味的食物十分可口。虽然与大多数哺乳动物相比，我们在检测化学信号时都不够敏锐，但气味显然在我们的生活起到十分重要的作用。为了找出气味之所以如此重要的原因，让我们先探讨一番大自然产生的气味吧！

大自然的气味

自然界的一些气味是地质作用的副产物：火山、（火山）喷气孔和间歇泉都有独特的硫黄气味。闪电产生有气味的空中化学物质。我们很容易辨认出海洋的气味，但生物过程会产生自然界的大部分气味。树木散发出辛辣树脂的气味；腐烂的植物物质使土壤具有独特的泥土味。动物用尿液和麝香味来标记领地。绵羊和山羊等反刍动物通过打嗝的方式，以排出其瘤胃中发酵树叶产生的气体。

成熟的水果会释放化学物质，吸引来自远方的食果动物。植物合成许多防御性的化学物质，以保护它们不被想要摄入植物的动物啃食。其中一些植物，只有当植物组织受到损伤时，才会散发气味，但其他植物则会自然将气味释放到空气中。

化学家们已经鉴别出七百多种食物和饮品中包含产生气味的挥发性化学物质。单一的水果或蔬菜可以合成几百种物质，但只有极少数能够决定"味道指纹图谱"，以帮助动物和人类识别它们的种类。果实成熟后，大分子转化为能够更好地滋养种子的小分子。这些相同的化学物质也可能吸引鸟类和哺乳动物前来摄入果肉，并播撒种子。植物自身会产生防御机制，部分植物会通过合成有毒化学物质的方式，以免受捕食者的啃食，尤其是昆虫和哺乳动物。食草动物可以分解植物中的诸多毒素，但它们必须要为此消耗大量的精力。

动物也会产生许多挥发性化学物质。一些化学物质，如身体气味是正常新陈代谢的副产物。它们经历进化演变，但并无法促进人际之间的沟通交流；然而，一种叫作信息素的化学物质，在吸引配偶和威慑敌人的过程中得以发生进化。动物也会利用信息素来标记其领土边界，并形成其他个体用于寻找遥远食物来源的觅食路线。这些化学物质可以被检测的距离以及其在环境中留存的时间长短与其交际功能相符合。例如，为了标记其行为踪迹，蚂蚁会储存缓慢扩散的大分子。它们以极为缓慢的速度坚持不懈地传播大分子，以便于其他的蚂蚁追随它们的踪迹。从另一方面来说，昆虫、哺乳动物和其他一些动物产生的性引诱剂是分散广泛的小分子。它们可以被身处远距离的潜在配偶发现。

微生物在分解食物时也会产生许多挥发性化学物质。细菌的新陈代谢产生恶臭，使动物对腐烂的食物产生排斥，否则动物就会摄入此类食物。在温暖气候中，有脊椎的食腐动物必须在细菌产物达到毒素标准之前很快找到尸体。在冬季，寒冷的温度抑制细菌生长，脊椎动物可以肆意享受残骸，此种进食可维持数月的时间。

在此种背景下，我们需要对相关问题进行思考，即化学物质如何揭示环境中的重要事项以及我们如何利用此类化学物质，对生活中的挑战作出回应。

气味和可供性

人类会留意什么气味呢？我们避免接触我们认为有害的气味，并对其作出消极反应。如果吸入水、洞穴、火山和（火山）喷气孔中散发的最易挥发的化学物质，就会引发疾病。火能产生我们祖先一开始就会极力避免的独特气味。后来，他们学会了如何利用火来保护自己不受捕食者的侵害、烹饪食物，以及创造吸引食草动物的新鲜绿色植物的生长。我们有意识或无意识地寻找其他气味，因为它们可以帮助我们找到食物来源或配偶，甚至与精神世界进行通灵交流。

正如大多数人所知，当人们在患有重感冒头疼的时候享用饭菜，味觉和嗅觉是紧密相连的。如果味觉位于我们的口腔之中，只需吞下一口葡萄酒，酒味就在舌尖蔓延，我们就能够充分感受到它的味道；但是，除了接收四种基本感觉外，神经元处于上鼻腔的位置上，在正常呼吸时，空气无法达到循环。这就是为什么当我们的鼻腔堵塞时，"品尝"食物变得十分困难的原因。这也是为什么不好闻的食物（如蓝纹奶酪、榴莲）可能尝起来味道不错，或者闻起来不错的食物（如咖啡）但是味道不好的原因。来自其他有机体的气味是关于当前或未来食物来源或敌人的许多正面或负面信息的来源。作为食物摄入时，许多有机体产生的化学物质使它们变得不那么令人垂涎。花朵和水果产生的气味至少对某些动物极具吸引力。许多动物散发的气味预示着宣称对领土的主权或吸引配偶伴侣。主要组织相容性复合体（MHC）中的基因产物的气味能够为挑剔的配偶所察觉。雌性小鼠更倾向于选择与自身 MHC 等位基因迥异的雄性小鼠作为配偶。与不同 MHC 等位基因进行交配的雌性小鼠堕胎的概率很小。人类不像老鼠那样具有鉴别力，但我们也利用气味来选择配偶进行交配。1995 年，克劳斯·韦德金德和他的同事发现，在一群女大学生中，她们闻到了男学生连续两个晚上穿的 T 恤衫的味道（没有除臭剂、古龙水或香皂）。到目前为止，大多数女性选择不同 MHC 等位基因的男学生穿过的衬衫。如果服用口服避孕药，她们的偏好就会发生逆转。此后的几项研究表明，我们在选择配偶时会参考体味因素。

我们深受花朵芬芳气味的吸引，许多香水都是从花朵中提取出来的。我们通过视觉对大多数花朵进行定位；我们必须把鼻子伸进大多数花朵中才能检测到它们的气味。夜间绽放的花朵散发出强烈的气味，能够吸引从远处飞来的蝙蝠和飞蛾。我们可以检测到这些气味，但我们很少能够接近气味来源。我们对花朵进行改良，以增强其可观赏性，并延长它们的生命周期。在这个过程中，它们无意间就变得不那么香气袭人了，正如我们喜爱的较大果实往往不如它们的小果实好吃一样。

如果一种植物的果实在其封闭的种子成熟前不被食用，它将有更多的繁衍后代得以存活。尚未成熟的种子可以毫发无伤地通过食草动物的消化食道，但它们发芽的概率少之又少。不幸的是，从植物的视角来看，世界上到处都是动物，它们攫取果实并摄入种子，而不是摄入植物周围的肉质果肉。他们对于食物急不可耐，甚至无法等到果肉变甜，就一扫而空。这些种子掠夺者的范围从大型鹦鹉和鸽子，到寄生于水果中小昆虫的幼虫都囊括在内。植物利用有毒的化学物质，以防御未成熟的果实受到啃食，一旦果实成熟，食果肉的动物就不约而至。酒精就是成熟果实散发的化学物质之一。

酒精的吸引力。酒精可以减轻疼痛、防止感染、促进社会交往的和谐，并有助于产生一种普遍的快乐感。所有人类社会均已发现并利用了酒精赋予人类的这些药物和心理上的益处。人们利用酒精，以协助他们与神灵和祖先进行交流。从墨西哥塔拉乌马拉巫师使用的发酵的玉米啤酒，到犹太教和基督教传统中使用的仪式酒都包含在内。人类培育谷物可能主要是为了生产啤酒而非制作面包。在《科学美国人》上刊登的一篇文章中，罗伯特·布雷德伍德提出，单一的加工食品——大麦面包，是培育谷物的驱动力。乔纳森·绍尔对此作出回应道，啤酒是培育谷物的最主要的激励因素，而非面包。在此之后，布雷德伍德组织了一场名为"人类是否曾仅靠啜饮啤酒生活"的会议。众说纷纭，但依然未能达成一致。无论如何，啤酒和面包很可能都不是最早出现的，因为在培育大麦之前，人们可能还发现了其他更易于发酵的物质。事实上，大麦啤酒比面包更具有营养。大麦啤酒中含有更多的维生素和人体必需的氨基酸——赖氨酸。它也是一种强效醒脑和药用液体。

威廉·詹姆斯在《宗教体验的多样性》一书中生动地阐释了酒精的威力：

酒精对于人类的影响，无疑是由于它能够激发人性的神秘官能，这些官能通常是被清醒时期遭受的冷酷事实和毫不留情的批评压迫到尘埃之中的：清醒度降低、模糊中辨别是非，坚决反对；醉醺醺的感觉蔓延，胸中火气凝结，表示赞同。事实上，它是人类宣扬"肯定"功能的最大激发者。醉酒使醉酒者从事物冷冰冰的外围转移到其炽热的中心。醉酒使人瞬间达到与真理合一的境界。

许多其他动物也会被酒精所吸引。以水果为食的脊椎动物在食用树枝上或地面上成熟水果分泌的甜糖和酒精混合物时，不可避免地会摄入酒精。据观察，其中一些动物甚至会对腐烂的水果暴饮暴食。在澳大利亚北部，降雨开始前的一段时间被称为"鹦鹉醉酒季节"。在这一时段内，人们会从达尔文的街道上捡起大量的红领虹彩吸蜜鹦鹉，把它们带到动物医院进行休养恢复。猩猩和大象会不惜路途遥远，前往寻找发酵的水果。他们似乎喜欢醉酒的感觉，但是在一个充满捕食者的世界里，醉酒似乎不是一个好主意。这究竟是怎么回事呢？

罗伯特·达德利提出的"醉猴"假说认为，对酒精气味和味道的强烈吸引力有助于以水果为食的脊椎动物发现成熟的果实。当果实成熟时，果实表皮上和果肉内的酵母将糖转化为酒精，主要是乙醇。乙醇含量迅速上升，可能高达1%的浓度。地面上过熟的水果的乙醇浓度可能高达4%，与一些烈性苹果酒的乙醇浓度含量相持平。乙醇是一种在空气中迅速散发的小分子。能够察觉到乙醇存在的动物逆风而行，就很容易找到熟透的水果。快速找到水果是十分有益的，因为在自然界中动物对水果的竞争往往很激烈。成熟的水果经常被各种鸟类和哺乳动物迅速食用，一扫而光。此外，在热带高温下，水果易于被细菌和真菌分解，并逐渐散发出难闻的气味。

尽管"醉猴"假说预测了食果动物应该受到酒精气味的吸引，当你身处实验室时，他们却通常更倾向于选择乙醇含量较低的水果。此种结果仍然符合"醉猴"假说；食果动物可能被乙醇的气味吸引，并在利用它来寻找成熟的水果，尽管它们依然倾向于少量食用此类水果。正如我们所提到的，在一个充满捕食者的世界里，醉酒似乎不是一个好主意。

为了支撑达德利的"醉猴"假说，饮酒的益处似乎超过了酒精对人体健康的危害。好消息是，越来越多的研究机构发现，适量饮酒，尤其是红酒，对健康有益。

我们的祖先所食用的天然发酵水果的数量不足以引发疾病。而大约一万年前，人类学会了如何控制发酵。依靠蒸馏技艺，人们得以制造出酒精浓度更高的饮料，并广泛销售。随之很快就出现了酗酒状况。酗酒，和肥胖一样，是由人类史前环境和当代环境的巨大差异引起的疾病。我们发现，在人类大部分时间的进化史中，很难不沉迷于滥用成瘾物质，而我们本可以有节制地摄入有益健康的物质分量。

身体气味和香水

唐·乔瓦尼：Zitto! mi pare sentir odor di femmina!

（嘘！我想我闻到了女人的味道！）

勒波雷洛：Cospetto! Che odorato perfetto!

（哇！好灵敏的嗅觉！）

唐·乔瓦尼：All'aria mi par bella.

（而且是个很漂亮的女人。）

——洛伦佐·达·彭特作词、莫扎特作曲的歌剧《唐璜》

在所有文化中，人们都利用化学物质来改变身体散发的气味。香水已经有至少一千年的使用历史，现代香水中依然留存了传统的香味。如今，香水制造商使用的技艺与埃及制作香水前辈使用的技艺相同。如今香水中的诸多成分，如决明子、肉桂、檀香、苏合香、安息香、茉莉花和玫瑰等，早在5000年前，就已被中国、印度或在埃及文化中作为香料使用。《圣经》中记载的没药、劳丹脂、白松香和乳香的某些详细配方，现今依然被人们广泛使用。

我们为什么要用香水呢？香水可以掩盖难闻的身体气味，但使用香水的人并不多。广告宣传告诉我们，香水的主要目的是增强一个人的性吸引力。诚然如此，但这并不能解释香水为什么会发挥此种效果。这一假设并不能解释为什么我们发现有些气味更具吸引力而不是令人反感、香水传达了何种信息谁接收到这些消息、谁在试图操纵谁。

一个有趣的假设认为，香水可以增强而不是阻止一个人散发的自然气味。香水为什么会起到此种效果呢？其中一种答案是，寄生虫进化得如此之快，以至于每一代人都需要新的基因组合来抵抗它们的入侵。发挥此种抵抗作用的基因，即主要组织相容性复合体（MHC），是脊椎动物基因中最具多态性的成分。在疾病蔓延的环境中，确定潜在配偶具有哪些 MHC 等位基因尤其重要。这可以解释为什么人们通常需要很长时间才能找到"自身适用的香水"，且很多年来都使用同一种香水的事实。《花样女人》的画家对此进行了清晰的表述，人类更喜欢其他香水而不是性伴侣（图 9.1）。聪明的男性也会避免为其伴侣选择香水。

人类对大自然气味的变化反应

我们对大自然的气味会产生强烈的积极和消极反应。我们对提供积极机会的物体散出的气味作出积极反应，对来自物体（腐烂的食物）或情境（森林大火）中的气味极力规避，并作出消极反应。在寻找食物、避免毒素入侵和选择配偶的

图 9.1

《花样女人》画作中的晚香玉和黄水仙。在原画作中，男
士手中的花朵是橘色的，女人手中的花朵是白色的。

芝加哥大学图书馆特藏研究中心提供。

过程中，对香味的积极和消极审美反应都得以发生演变。我们对于能够告诉我们危险和潜在食物质量的气味产生强烈反应。气味在我们如何交际互动、宣扬自身的能力以及融入社会团体的过程中也扮演着重要的角色。随着我们逐渐成熟，我们对气味的情绪反应也会发生变化。作为成年人，我们倾向于避免接触散发腐烂气味的物体，但儿童不会这样做。任何抚养过孩子的人都知道，两岁的孩子几乎会将包括排泄物在内的所有东西塞入口中，在受到母乳保护的同时，试图通过味觉探索世界。在婴儿期未能摄入细菌，这一点在当今无菌环境中很常见，可能是工业社会中过敏反应迅速增加的原因之一。

我们在社交活动中使用气味的副产物是我们对气味的反应可以通过建议得以轻松控制。比如说，1899 年，化学教授埃德温·斯洛森在怀俄明州大学开展了一项实验。他告诉全班同学，本次实验的目的是演示气味在空气中的扩散。接着，他把瓶子里的液体倒在一团棉花上，使棉花远离他的鼻子。他打开秒表，要求学生们一旦闻到某种气味，就举手示意。他将报告结果整理如下：

在等待结果的过程中，我解释道，我确信观众们从未闻过我倒出化合物散发的气味，并表达了实验预期，即尽管他们可能闻到强烈的异味，此种异味并不会使他们产生任何不适感。在 15 秒之内，坐在前排的大多数人都举手示意。在 40 秒内，"异味"已经扩散到大厅的后排，当气味在空中传播时，呈现出一种非常规律的"波阵面"。大约四分之三的观众声称，要感知气味，顽固的少数人之中涵盖的男性数量要超过整体的平均人数。可能会有更多的人屈服于此种解说，但一分钟后，我不得不停止实验，因为前排的一些人因为异味受到了不愉快的影响，正准备离开房间。

然而，斯洛森手里拿着一个只浸润在水里的棉球！其他实验者也取得了类似的结果。"顽固的少数人"中的成员必须克服举手示意的强烈欲望，正如我们受到激发听到笑话而发笑一样，即使我们没有"领会"笑话中的妙语。希望融入并成为一个群体中成员的愿望通常能够压倒现实，取得决定性胜利。

与气味感知相关的"旋转"力量的根本原因在于，气味不仅仅发生在鼻腔中。在气味感知的任何时候，大脑都处于活跃状态，控制嗅觉的强度，影响对当前气味吸入的习惯，并为我们的行动做准备。分子结构并不是指引我们感知气味的可靠向导。分子存在于空气中，但我们只能对其中的一部分分子进行感知，并将其视为气味。"气味是感知到的物质，而非世界上存在的事物。事实情况是，闻起来像玫瑰气味的苯乙醇分子，是我们大脑感知产生的结果，而非分子的内在属性。"

我们对气味的反应就是一个戏剧性的例子，即我们的神经系统在功能上具有组织性，以帮助我们做出正确的决定，而不是为我们提供精确的大自然景象。我们仍然对"为什么我们在检测气味的能力上有如此大的差异"这一事实一知半解。一般来说，女性在气味检测方面可能比男性的检测能力更强一些，但不同性别的感官能力是相互重叠的。此外，每个性别内从天生没有嗅觉的人，到那些在香水业、葡萄酒酿造业和人造香料制造业领域内游刃有余的人，其感官能力均存在显著差异。此种差异性是个体经验差异导致的结果吗？比如说带有强烈气味的积极或创伤性事件给人类留下的不可磨灭的印象？某种选择是否具有专业化，或者说此种差异性仅仅是性重组的结果？让我们继续努力探索吧！

第十章

自然排序

　　100 多年前，鸟类学家弗兰克·查普曼是关心鸟类数量
下降的芸芸众生之一。他对鸟类数量下降的担忧促使他提出
了一个新的传统节日——圣诞节鸟类普查日。他建议人们外
出统计鸟类的数量，而不是捕鸟。在他的激励下，北美洲
25 个城市中的 27 位观鸟者在 1900 年圣诞节开展了初次圣
诞节鸟类普查日活动。此种做法随之流行起来。2011 年，
观鸟者在世界各地 2215 个不同的地方举行了圣诞鸟类普查
日活动；共统计出全世界共有 61359451 种鸟类个体。不同
社区之间相互竞争，以统计出最多的鸟类物种或特定鸟类物
种的最高数量的个体。对于一些人来说，参与统计普查已经
成为一种乐在其中的活动：在这天内，他们黎明前起身，参

加几项鸟类普查活动；如今，鸟类普查活动可以维持两周的时间。

为什么这么多人有动力花费漫长的时间，经常身处于寒冷恶劣的天气中统计鸟类数量呢？为什么他们关心能够看到多少不同种类的鸟呢？为什么他们不统计鸟类个体数量呢？为什么他们关心谁看到的鸟类物种最多？其中一个可能的进化论原因是，与物种稀少的环境相比，物种丰富的环境提供了更多的可供性。我们祖先所需要的资源（食物、纤维和住所等）源自诸多物种。对这些物种的了解能够帮助人类找到它们。当我们的祖先对栖息地进行评估时，他们肯定想到了生活在那里的物种以及如何充分利用它们。观察其他物种的进化就成为令人愉悦的活动。稍后我们会看到，能够区分和记忆许多不同事物种类和形式的能力，并非总是以与非洲平原上生活息息相关的方式呈现出来的。

在热带稀树草原上统计物种

纵观人类历史，了解其他物种，尤其是它们作为食物的适宜性，对我们的生存至关重要。通过注意开花植物的时间和位置，我们的祖先知道在哪里能够找到应时的水果。动物最近的活动迹象，如踪迹、折断的树枝、拟声唱法和气味为猎人提供了宝贵的信息。哺乳动物群和鸟群的行动踪迹提供了关于食物供应的直接信息。人类通过长期观察其他种类的动物，以确定摄入何种食物是安全的。印加人通过观察摄入某种植物后生病的植物，以了解摄入哪些植物是危险的。雌性哺乳动物的行为可能揭示其孱弱后代隐藏的位置。

动物在其他方面也极具价值。通过观察这些动物，早期人类可以从动物对环境的了解中获益。长期以来，船员利用海鸟的行为来辅助其航行之旅。

位于卡罗琳群岛上的波鲁瓦环礁上的人们通过利用航位推测法，在岛屿之间远航；但当他们迷失或偏离预定航线时，只能依靠海鸟的行为来寻找陆地。岛上居民对海鸟的觅食行为及其在晨昏时分、飞行目的地之间的变化有着密切的接触和了解。

在农业发明之前，人们通常根据动物和植物的季节性迁移，占据一系列的季节性营地，人们必须决定何时从旱季营地转移到雨季营地，或从冬季营地到春季营地。这些转移营地的决定需要谨慎地测算精确时间，这取决于对当地物种生命周期的深入了解。对其他物种的深入了解是生物多样性对我们产生吸引力的基础。我认为，这也为人类广泛的收集行为奠定了基础。

对生物多样性的审美反应

虽然与物种稀缺的环境相比，物种丰富的环境提供了更大的可供性，这种关系并不简单。在物种稀缺的环境中添加少数物种，可能会大大增加其价值，但在一个物种丰富的环境中额外添加少数物种，则效果甚微。此外，环境中物种的差异性越大，追踪它们就越困难。研究表明，我们更倾向于选择生物丰富度中等水平的环境，而非更为简单或更为复杂的环境。物种稀缺的环境中资源也极度匮乏；而物种丰富的环境中资源又过于丰富，以至于选择或记住某些资源变得难上加难。

在传统社会中，人们通常持有一种自然的整体观，即每个物种都具有特定的功能。此种自然整体观常常延伸到一种信念，即对于超出其作为食物、纤维、其他材料或药用用途之外，出于某些精神原因，非自然物种显得十分重要。在现代工业化社会中，许多人认为，物种稀少的世界并不是适宜居住的理想场所。这一信念促使他们向那些致力于保护生活在其他大陆上物种的组织捐款，而这些地方他们可能从未涉足过。知晓这些物种继续存活，是促使人类捐献的充分动机。

虽然人们被各种各样的有机体所吸引，我们发现，如若能从人类在花园和其他高度人性化的景观中重建各种环境的视角进行判断，我们可能会被物种稀少的环境所吸引。最发达的园林传统景观——欧洲规则式园林和日本园林，均以几种木本植物为主广泛种植。我们大多数人都会对园林作出积极的反应，因为它们展示了万紫千红、种类繁多的花朵，但在心理测试中，包含多种植物的环境得分却很低（如第六章所述）。据受试者反馈，他们很难解释，即很难确定如何进入并充分利用此类资源丰富的环境。我们对成群结队的鸟类和仅有一个物种的哺乳动物作出积极反应，但我并不清楚这些测试是针对仅仅在物种数量上有所不同的鸟群和动物群场景作出的反应。富有想象力的研究机会比比皆是。

物种分类

要知道如何对不同的物种作出反应，就需要对它们进行分类。通过物种分类，我们能够创建出一个模式，可以大大简化与物种成员有关的决定。根据我们在本书中采用的逻辑思维，对物种进行分类理应让人倍感愉悦。事实的确如此！正如心理学家尼古拉斯·汉弗莱所说，当我们看到并试图对形状和图案进行排序时，就会产生愉悦感，这是因为"像分类此种重要活动必然会演变成一种快乐的源泉"。

对事物特别是动植物进行命名，可能是早期人类语言的一项主要功能。众所周知，对有机体进行分类是古代美索不达米亚和地中海盆地的一项重要活动。我们可以对没有名字的事物进行分类，但如果有名字的话更容易被记住。古希伯来人之所以意识到名字的重要性，是因为亚当的首要任务就是给动物命名。"耶和华神用土创造出野地走兽和空中飞鸟，并将它们带到那人面前，看他如何称呼它们；那人怎样称呼这些活物，就是它们的名字；那人便给一切牲畜、空中飞鸟和野地走兽都起了名。"研究创世纪的作者们对地球生物多样性的程度知之甚少。他们设想亚当的工作相当简单，在不到一天的时间内即可完成，他们并不关注植物是否有名字。

我们现在对任何可以排序的事物进行分类，但是关注其他物种的价值可能是我们想要对事物进行分类欲望产生的根源。我们从自然里寻找秩序中获得的愉悦感也能够解释我们在无秩序的地方寻找和发现"秩序"的倾向。人们在云朵中发现有机体的形态。我们想象，由于常态侵蚀，岩层形态中的人类、动物和人工制品的轮廓。我们在浮木和波动图形中发现怪物的踪影。

稀缺和可供性

常见物种可能提供了我们祖先使用的大部分资源；在如今狩猎和采集的社会中，它们也是如此行事，但稀有和不寻常的物种和事件可能提供了关于环境变化的有价值信息。并非所有的新奇事件都意味着重要的事情，但其中一些确实如此。罕见事件可能表明人类应该改变当前使用环境的方式。事实上，在当前，不寻常的事件（更为猛烈的飓风和龙卷风、植物的早期开花、鸟类的早期繁殖）正在向我们揭示气候变化产生的后果。稀有物种则提供了特殊味道（香料）、稀缺营养素和药用价值（参见第七章）。

关注罕见和异常事件的生存价值可能有助于解释不寻常动植物变体的审美吸引力，这种吸引力导致了培育植物品种和动物品种的繁殖。1800年，人们仅识别出狗的15个品种；一个世纪后，扩展到60个品种。几乎所有形式的牲畜、家禽、鸽子、金丝雀和植物都发生了类似的繁殖扩散。到19世纪50年代，人们已识别出150个鸽子的品种。

具有非典型颜色的动物总是让人类深感着迷。博物馆里充斥着此类动物，诱使人们产生一种观念，即非典型颜色的动物数量比实际存在的数量要普遍得多。白化病或部分白化病是最常见的颜色畸变。这些变异通常会作为随机突变出现，它们中的大多数很快在自然界中消失。然而，人们通过圈养的方式培育出这些变异物种，并将其融入到流行物种的种类之中。

排序演变为收集

我们的远古祖先无法收集很多东西，因为当他们随着季节性改变宿营地点时，必须随身携带这些物品。他们可能收集了一些小东西，比如箭头——用来猎杀不同种类猎物的不同类型的箭头（图 10.1）。但在宿营地积累起来的大部分东西，可能在人们离开时就被丢弃在原处。然而，对物品进

图 10.1

在华盛顿州汉福德，一个男孩子在个人爱好展览上，展示他收集到的获奖箭头。

汉福德解密项目 / 能源部提供。

行分类的乐趣已然扩展为收集物品的欲望。我们的祖先很可能是从建立固定村落时起，就开始收集物品了。

如今，我们中的大多数人在生活中的某些时候总会收集一些东西。我对收集邮票十分热诚，我按国家和日期对收集到的邮票进行组织分类。世界各地的人们收集艺术品、书籍、硬币、邮票、古董以及一系列令人难以置信的物品，从签名到藏山幽灵陷阱。特定事物的收藏家形成不同的组织，每年定期举行会议，在会上讨论他们的收藏品以及相关交易。他们在给收藏品排序的过程中花费了大量的时间。

人类并非唯一收集东西的物种。许多动物都会储存食物以备日后食用。目前所知，已有至少 12 个鸟类家族、21 个哺乳动物家族（但不包括灵长类动物）以及许多昆虫，都会囤积、储存或窖藏食物。我们视若珍宝的蜂蜜，其实是蜜蜂为热带稀树草原旱季或北方冬季而储存的食物。我们用惯于收集东西的动物名字来描述不会浪费食物的人们，如会打包的老鼠。

收集东西有时会演变为一种极度热情，此种热情会导致令人不快的结果。生理学家伊万·巴甫洛夫对我们收集东西的热情进行了深度剖析，相关表述如下：

如果我们考虑将所有的物品都收入囊中，无可避免的是，受到此种热情的驱使，我们经常会因为极为琐碎和毫无价值的物品的不断累积而徒增烦恼。从任何角度看，除了满足收集嗜好之外，此种囊括一切的收集行为都毫无价值可言。尽管此种收集目标不具价值，每个人都深谙于心，即收藏家为了达到收藏目的，要付出精力和偶尔全身心投入的自我损耗。他可能会沦为众人口中的笑柄、群嘲的对象甚至是罪犯；他可能会抑制自身的基本需要，而一切都是为了满足其收藏的欲望。

是什么诱使一个人沉迷于收集物品呢？答案当然在于大脑。对86例脑损伤患者的详细研究表明，13例患者在大脑皮层的一个特定的前额叶区域内遭受脑损伤，发展出强迫性的收集行为。尽管其亲密伙伴竭尽全力想要阻止此种收集行为，他们依然会大量累积毫无用处的物品。数据表明，前脑特定区域中的机制通常会调整我们获取物品的倾向，因此此种收集倾向不至于引发破坏性结果。并非每个沉迷于收集物品的人都有大脑损伤的症状，但某些因素可能会扰乱正常的控制系统。

很显然，我们收集物品的愿望是如此强烈，以至于演变出某种特殊的机制，以防止我们过分沉迷。正如我们将看到的，人们经常会炫耀其收藏品，因此，拥有控制机制是十分必要的。

性选择与细化阶段

除了从对物品进行分类中获得的乐趣之外，人们以其收藏品的尺寸大小为傲。他们也为去过的地方或看到的事物数量沾沾自喜。在 18 世纪，欧洲的园丁们怀着热切的心情寻找来自世界各地的异国植物，并为其所培育植物种类的数量而倍感自豪。英格兰和北美之间的贸易畅通无阻。宾夕法尼亚州的一位业余园丁约翰·巴特拉姆成为英格兰地区种子和植物的主要供应商。

在某一天或某一年中，许多人对寻找尽可能多的鸟类物种乐此不疲。他们把所看到的物种的"生命清单"汇总起来。有些人长途跋涉，不远数百英里甚至数千英里的路程，寻找一个稀有的物种加入他们的生活清单。为什么我们要沉浸于如此代价高昂又看似无用的行为呢？

对地位的竞争，通常是无意识的，可能是引发此种行为的基础。我们利用其他物种来竞争地位，间接地炫耀我们收藏名单的长度，也以更直接的方式参加狗展、马展、花展和盆景展等。人们努力工作，希望在这些节目中获奖并自豪地向他人展示获奖的彩带和牌匾。

长期以来，捕鸟和饲养鸟类都有助于提高地位。男性将鸟类作为求爱的礼物赠送给女性。在中世纪，捕捉小鸟连同狩猎、猎鹰和捕鱼，是满足贵族提高社会地位需求的活动。

狩猎者的地位高于捕鸟者，但后者的排名先于捕鱼者。捕鸟者的捕获行动越成功，他在当地社区中的地位就越高。杰维斯·马卡姆在其所著的小册子《预防饥饿》中声称，小鸟有两种用途："不是产生愉悦感就是作为食物摄入，产生愉悦感是因为每一只小鸟天生都具有田野观察记录，因此可以被关在笼子里，用自己吟唱的曲调滋养自身，或者在经受训练后，转换为其他的曲调；或者作为食物来说，由于小鸟受到自然环境的滋养，鸟肉易于消化，味道鲜美，营养丰富。"

金丝雀在14世纪经由西班牙和意大利抵达中欧地区。虽然中欧陆地上养鸟人随处可见，金丝雀悦耳动听的歌曲顷刻间就吸引了人们的注意。德国人通过让金丝雀聆听大量的歌曲，扩展其声乐曲目的数量。几个村庄均参与到金丝雀的繁殖活动之中，但是商业中心位于圣安德里斯伯格。在19世纪20年代，小镇每年大约繁殖出4000只雄性金丝雀（只有雄性金丝雀会唱歌）。到1882年，圣安德里斯伯格800个家庭中四分之三的家庭都在饲养金丝雀。几年后，这个城镇出口了多达12000只雄性金丝雀。笼中鸣禽的对外贸易不仅仅局限于欧洲。在20世纪40年代，超过1000万只鸟被输送到美国。

也许这是不可避免的一种趋势，一旦开始出于鸟类歌唱的目的而繁殖鸟类，人们就会举行歌唱比赛。已知最早的正式歌曲比赛是于1456年在德国哈茨山脉举办的苍头燕雀歌唱比赛。早期参与歌唱比赛的鸟类物种包括云雀、金翅雀、赤胸朱顶雀，欧洲绿金翅雀和花鸡。"嘹亮歌唱"比赛的获胜者需要在一段设定时间内，通常在五分钟左右，唱出最多数目的完整歌曲。另一种类型的歌唱成功，即"远距离歌唱"依据的标准是，在三十分钟或一小时内，金翅雀表演的歌曲数目。当金丝雀实现广泛繁殖后，它们也被广泛用于歌唱比赛之中。一只获胜的金丝雀赋予其主人极高的威望。随着现代动物权利运动的开展，金丝雀歌唱比赛已经被逐渐淘汰出局。

对地位的竞争以及地位所提供的获得配偶的机会，并非人类的特有属性。基于同样的目的，其他物种也会使用具有吸引力的物体。雄性园丁鸟通过把彩色物体放在靠近凉亭入口位置的方法，来装饰其精心制作的凉亭。他们竞相争夺物品，并从邻居那里顺手牵羊。具有稀有和不寻常颜色的物体的数量显示了男性的地位。只有占据优势的男性才能从其他男性手中偷取稀有物品，并阻止他们找回丢失的物品。森林地被物上常见颜色的物体无法揭示物体所有者的优势地位，这是因为作为其下属的雄性园丁鸟也可以收集到这些物体。

收集有机体和其他物体对科学知识作出了巨大的贡献。如果没有收藏行为，我们就无法了解生命的多样性。众所周知，一旦接触到双对氯苯基三氯乙烷（滴滴涕），鸟蛋的壳就会变得稀薄，因为我们可以在滴滴涕释放之前对收集到的鸟蛋进行估量。我们之所以了解自然环境如何，是由于伯尼·克劳斯对此作出了记录。但我们渴望拥有异域物种或物种某些身体部分（皮肤、角、獠牙）的欲望威胁到兰花、鹦鹉、老虎、豹、大象、犀牛和许多其他种类生物的生存。世界上的大多数国家都加入了《濒危野生动植物种国际贸易公约》（CITES）。这一公约成立于 1975 年，旨在控制对全球范围内稀有物种的频繁贸易活动，但动物和动物身体的某些部分在世界市场上仍然处于高价出售的状态，以至于走私活动依然十分猖獗。我们需要学习如何利用收集和分类物体的动力，在满足自身收集欲望的同时，不危及与我们共享小星球的其他物种的生存。

第十一章
向蜜鸟与蛇：接受人类的
生态思想

在开篇第一章中，一只小鸟，恰如其名我们称之为"向蜜鸟"，引领肯尼亚的博兰猎人前往蜂巢。向蜜鸟十分擅长寻找，但无法自行打开蜂巢。博兰人和其他部落不善于对广泛分散的蜂巢进行定位，但却能够娴熟地提取蜂蜜和蜜蜂幼虫中的营养囊。他们会留下一些营养囊，作为对向蜜鸟引路的回馈。此种显著的伙伴关系之所以得以发展，是因为在非洲热带稀树草原上，蜂蜜是极为罕见且珍贵的食物，当地人和向蜜鸟都对此趋之若鹜。除了在水果成熟的短暂季节，蜂蜜是摄入糖类的唯一来源。几个世纪之后，随着我们的祖先迁移遍布全球，他们依然保留着对蜂蜜的固定喜好，生产出一种发酵蜂蜜，即蜂蜜酒，成为海盗传奇和中世纪诗歌中奠酒祭神仪式的酒品。

我们狩猎采集者的祖先逐渐适应了甜食，以满足储存能量的需要，以便在食物短缺时期（人体将多余的糖转化为脂肪）保持活力，并为其大脑消耗提供补给。他们收集的大部分食物都不甜。此种状况维持了相当一段时间，直到后来，农业种植提供给人类丰富的淀粉物质。直到最近，由于科技发展，糖类食物才得以源源不断地生产出来。我们祖先适应热带稀树草原的体质也遗传下来，我们的身体仍然渴望摄入糖分，但在现代科技突飞猛进的社会中，我们很少有身体瘦弱或从来没有身体过瘦的时候。因此，我们把多余的糖分作为脂肪储存起来，变得肥胖。进化论视角有助于解释为什么大约三分之二的美国成年人和 10%—15% 比例的 19 岁以下儿童都出现超重或肥胖的倾向以及为什么在全球范围内，成年人和儿童的肥胖症和 2 型糖尿病普遍蔓延，且此种病症首次出现于儿童身上。

来自哈佛医学院的生物人类学家科伦·阿皮塞拉和她的同事们利用人类对蜂蜜的喜爱，试图发掘现代社会中的社交网络究竟是古老的模式还是最近的发展成果。他们将蜂蜜棒（装满蜂蜜的中空蜡制吸管，有时在药店和农场出售）交到哈扎比部落的成员和坦桑尼亚的狩猎采集者手中。他们询问受试者想要与谁一起共享蜂蜜。哈扎比部落成员的共享模式与发达国家中人们的共享行为十分类似。

当肯尼亚东北部博兰地区的狩猎者跟随向蜜鸟在树林中

穿梭时，他们也会观察地面的情况，以免在毫无防备时接近到一条巨蟒或蝰蛇。他们具有敏锐的周边视觉，能够帮助他们侦测到草丛中伺机而动、处于静止状态的蛇。如果其中一位狩猎者发现蛇的踪迹，他会提醒其他狩猎者，给隐藏的蛇留有匍匐前行的宽敞空间。这样，狩猎者的人身安全得以保障，可以继续维持其捕猎者的身份，而不是沦为其他动物的囊中之物。

我们对甜食的喜爱源于在热带稀树草原上的身体进化。如今，尽管这一点依然十分重要，但嗜好甜食仅仅是过去环境在现代人类心理持续存在的众多"魂灵"之一。我们对蜂蜜的嗜好这一例子很好地阐述了本书的中心思想：我们远古祖先在热带草原上定居的经验，给人类对周围事物产生的反应，即我们对风景、其他有机体以及大自然的声音和气味的反应，涂上了一层神秘的色彩。从进化论的视角进行探讨，我们揭开了非洲热带稀树草原上祖先遗留下来的宝贵遗产，而如果不将进化论考虑在内，这些遗产就会被人们彻底忽视。

热带稀树草原上的遗产

想必读者们对我之前讨论的一些人类反应已经了然于心

了，但是进化心理学为"我们为什么会产生这些反应"作出了新的阐述。比如说，想想水对我们的吸引力吧。进化心理学家已经证明，婴儿和蹒跚学步的幼童常常手膝着地、嘴里咬着平滑有光泽的物体，仿佛在喝水一样，这一行为表明，我们对水的积极反应是天生固有的。在进化心理学家的研究中，我们能够更好地理解其他一些反应是因为我们具有以下三个特征：

· 与对如今构成更大威胁的物体（枪械、电线、超速行驶的汽车）作出的反应相比，人类基本固定的自主神经系统对过去相关的刺激（蛇、危险的食草动物和大型食肉哺乳动物）作出更为强烈的反应。

· 对类似危险动物的尖牙、爪子和角等尖形物体作出强烈反应。

· 自发和无意识间将疾病与稍早时摄入的食物联系起来，并对可能的传染源如腐肉、感染迹象（如脓液）产生消极反应。这意味着，在我们意识到微生物的存在或发展出关于疾病的细菌理论之前，一种直观印象的微生物学就已经发生了演变。

虽然进化心理学丰富了我们对已知事物的了解，其最大的价值是促使我们想到可能会完全忽视的反应和模式；如果不从进化论的视角进行思考，则无法展开想象。我们将人类已经发现的某些令人惊讶的事实罗列如下：

· 与男性相比，女性能够更清楚地记住高质量食物在超市里的摆放位置。

· 人类具有先前未知且不可预测的横竖错觉；我们过分评估了地面上的垂直不均匀性。

· 了望－庇护理论可以解释我们陌生环境无意识的情绪反应。

· 热带稀树草原假说为我们对树木形状的偏好选择以及我们在公园和花园中培育树木的方式提供了新的解释。

· 与记住大多数其他类型的物体相比，我们能够更清晰地记住动物的足迹。

· 我们尤其会受到树叶和花朵斑斓色彩的吸引。

· 我们的神经系统更准确地检测到动物位置的变化而不是物体，如汽车和其他机动车辆位置的变化。这是如今的环境中位置最致命的移动物体。

· 儿童能够直观地理解这一事实，即动物是受到自我驱动的，而其他有机体则不然。

· 我们具有特殊的神经机制，这一机制与完全嵌合模式相协调，有助于发现蛇的踪迹。

在探索人性方面，进化心理学提出的一些最具洞察力的见解涉及我们对其他人的反应。在这本书中，我对此领域仅蜻蜓点水地略有提及。最重要的发现可以归纳为以下两点：

· 我们的大脑具有一个检测欺骗者的特殊神经模块。

· 在"孤注一掷"的经济博弈中，与他人分享我们所拥有的东西这一令人惊讶的倾向，可能是在不确定性条件下作出社会决策的副产物。

就我们与他人共享的倾向而言，我们的祖先可能并不知道，与陌生人的邂逅可能是唯一一次或者许多互动中的第一次。与可能无缘再会的人共享资源并无任何损失，但如若拒绝与可能成为邻居的人共享资源，后果则十分糟糕。有朋自远方来，不亦乐乎。在此类情况下，进化心理学提出预测，我们应该孤注一掷地投下赌注，确定论断。我们应该作出反应，此种反应能够在与陌生人初次且再无二次邂逅后作出错误论断造成的损失以及对初次见面后彼此继续熟悉的人作出错误论断的损失，两者之间实现平衡。假设我们在未来不会再遇见他人，就大错特错了，这可能会导致在未来的相遇交流中丧失利益，而善良和慷慨则会得到回报。即使实验对象被告知此次试验仅有一次机会，在热带稀树草原假说的影响下，我们的头脑依然会作出不同的反应。

前方的道路

　　我们对环境产生的情绪反应信息实在令人印象深刻。且发展迅速，但此种信息仅仅是行为生态学和进化心理学的科学可以和即将探索内容的表征。在当今社会，我们无法想象，未来的研究者将会发展出何种丰富的假说或他们实施的实验将揭示何种内容。

　　正如不列颠哥伦比亚大学的约瑟夫·海因里希所指出的，大多数测试进化心理学假说的实验室研究都是在那些奇怪的（西方的、受过教育的、工业化的、富有的和民主的）大学生身上进行的，这些大学生并不具有全人类的代表性。我们需要开展更多的跨文化研究和针对各个年龄段的人的研究，以确定哪些反应是普遍的，哪些反应又是特定文化所具有的，在哪些年龄段首先发展出不同的反应以及哪些反应更容易通过经验发生改变。一些体现强烈文化价值观的反应可能会有很大的差异，但是许多其他的反应在不同的文化中可能是相似的。许多人所知的"人类普遍性"表明，尽管民族和文化相互覆盖，人类在根本上是极为相似的。人们对景观特征的偏好，比如说，尤其是类似于热带稀树草原上的植被、树的形状和颜色，在许多文化中都是相似的。然而，正如科学家创造出新的假设，预测我们尚且未曾想象到的反应模式一样，我们可能会遇到一些有趣的惊喜。未来研究发现所产生的出乎意料的结果也会带给人们很多乐趣。与对我们判断可能正确的事情确认无误相比，发掘意想不到的事情则更令人兴奋。

我们复杂的生态意识

当我们的祖先生活在非洲大草原上时，就已经塑造了身体和生物环境的许多丰富多变的情感反应。他们对身体和环境有意识和无意识的评估，对作出"去往何处和想要做何事"的决策产生了影响。为了更好地理解人类复杂的现代思维意识，我们需要简要回顾过去，追溯某些生态环境。居住在热带草原的远古祖先很少需要立即在几个选项中进行选择。大多数选择是"做"或者"不做"，此种选择是针对特定事物或情境或转移到下一个决定作出的反应。

考虑下个体（我们称之为早期的男性祖先）初次踏入一个环境之中的情境吧。在与新环境不期而遇时，他要决定是停下来探索环境，还是继续寻找新环境。为了作出恰当的决定，他需要对环境的总体状况进行猜测。他必须对可能遇到的情况产生某种预期，如果继续探索下去，何时能够遇到此种情况。作出追捕的决定是基于他认为在另一种潜在的食物出现之前可能需要多长时间的考虑。如同其他觅食者一样，他可能会独自一人遇见大多数潜在的猎物。如大多数鸟类单独捕猎一样，通过对环境整体状况更为深入的了解，欧椋鸟也会作出更佳的选择。

尽管我们的祖先有时无需在同时进行的选项中进行评估和选择，但他们获得的知识总是残缺不全的，他们作出决定产生的后果总是具有不确定性。尽管能够快速处理许多信息且显然受益于此，我们祖先在花费时间收集更多信息的基础上，也很少能够提供"恰当精准"的决策。

我们祖先身处"决策环境"的这一基本特征可能有助于解释人类如今的行为。如何解释呢，让我们来看一看心理学家丹尼尔·卡尼曼总结合成的一些想象实验产生的结果吧，保准让你大吃一惊！

我们从如何估计一笔低息贷款的报价开始吧。在一些实验中，实验者要求受试者在两个同时进行的选项之间进行选择，其中一个选项是正确的数学答案。比如说，按照要求，受试者需要在收到46美元（保证金）或投掷投币并获得100美元（首付款）或无（尾款）中作出选择。大多数人倾向于选择保证金，即使它在重复试验中的预期价值（46美元）低于投掷硬币的预期价值（50美元）。此种选择的原因在于，与收益相比，我们在心理上对损失和潜在损失更为重视。正如我们所看到的，我们的祖先通过发展出对损失的强烈厌恶反应而从中受益。

人类消极偏见的心理现象也出现在下列类型的实验之中：一组受试者得到一个咖啡杯，另一组受试者得到一条巧克力棒。此后不久，实验者告知两个小组成员，他们可以保留手头所拥有的礼物，但如果他们希望能交换礼物也无妨。两个小组中的大多数成员选择保留所拥有的礼物，而不是互相交换礼物。对于我们的祖先来说，拥有一件物品通常意味着他们已经为获得此种物品付出了努力，即使像许多心理实验一样，它是作为一种礼物呈现的。此外，礼物通常意味着肩负某人的债务。因此，从心理上来说，失去财产意味着巨大的沉没成本。"不劳而获"这一概念并不存在于我们祖先的思维意识之中。

我们的生态意识也可以解释显著的人类思维的二元结构。我们祖先作出的大多数决定都是"二选一的"。我们可以接近或者规避一个物体或景观，可以食用或不食用一种东西，一个人可以成为合适或不合适的伴侣，而且他们经常必须迅速作出决定。在遇见饥饿的捕食者时，对是否逃离游移不定的人比立即逃离的人更有可能被捕食者抓住。性欲旺盛的雄性动物，在详细争论是否愿意与发情的雌性动物进行交配的思维过程中，会发现实现基因交融的可能性。

尽管采取行动需要快速作出产生完全相反结果的决定，环境中的输入往往极为错综复杂且经常相互矛盾。为了帮助我们快速作出决定，人类大脑将复杂的输入分解为极性类别。极地思维不仅仅是西方思维的一个特征，也是希腊、罗马的逻辑和语言赠予人类的遗产即极性前缀：con-dis，post-ante，pro-con。无论是在跨文化中，还是在操不同语言的人们之间以及不同的思想文化史中，都存在着相反的极性思维。文化多样性的宇宙学图式，像中国人（如阴阳）、印度尼西亚人、科雷桑普韦布洛印第安人和奥格拉拉苏部落都把自然分为几种类别。在杰出人类学家克劳德·列维·斯特劳斯所处的年代，他声称，所有的部落神话都是建立在极地思维对立面上的，如冷和热、夜晚和白昼、生食和熟食、好和坏。大多数语言中的空间区分相对来说都十分简单。尽管空间是一个连续变量，在我们的语言中，空间的概念更多的是接近抑或遥远。这些普遍模式表明，极地类型学具有深刻的进化根源。我们的生态意识解释了我们在进化过程中，能够将复杂的输入分解成二进制输出的原因。我们的行动是受到极性思维指导的！

我们的生态意识和社会科学

"从与环境相互作用的相关调查中产生的人类思维"这一观点与"我们与环境的相互作用与人类形成了鲜明的对比。在 20 世纪标准社会科学模型中占据主导地位的人类思维"形成鲜明的对比。根据这一模型，人类意识的进化，与我们非凡的学习能力相结合，将我们从基因组的控制中解脱出来。没有人性一说，正如何塞·奥尔特加·伊·加塞特所言，"人类不具备任何天性"，换言之，在启蒙之初，人类思想就像一块空白的石板。婴儿无形无色的思维在周围文化的浸润中，转化为受到文化熏陶的成人思想。利用此种视角开展研究的心理学家认为，所有的思维意识、感觉和行为都可以通过一系列的学习机制进行解释。

认知神经学最近取得的惊人进展推翻了此种模式，然而，许多人认识到，我们的行为是在人类成熟的过程中，遗传与环境之间复杂的相互作用的产物。我们仍然相信，从根本上来说，人类不同于其他动物，原因在于环境对人类行为发展的影响完全胜过基因的影响，以至于我们的许多行为都可以忽略不计，但一些特性，例如在生命早期学习一门语言的能力，似乎完全是由基因决定的。除非遭受显著的发育迟缓或某种罕见的基因突变，到了两岁时，所有的孩子都具有开口说话的能力。其他特征，比如一个人说哪种语言，则完全是由环境决定的。我在本书中所阐述的对人类生态塑造思维模式的见解，能够极大地丰富我们的理解力，即我们行为的哪些组成部分带有人类漫长进化历史的印记以及带有此种印记的原因。

我们的生态意识和性选择

我们持续对竞争作出评估，将自身与竞争对手相较，特别是争夺配偶的竞争对手。我们通过估计自身相对于竞争对手或对手的能力，以作出诸多抉择。如果一位男性判断另一位男性体形更庞大或更强壮，他通常会退缩不前。我们很少会挑选加入必输无疑的战斗之中。高个子的男性比矮个子的男性更容易在商业上取得成功；他们通常在政治竞选中脱颖而出，取得胜利。让我们回顾一番研究影响交配成功率特性选择的广泛文献吧，诸如男性精心展示自身的优越性，这表明，就直接影响生存或繁殖的诸多特征而言，性选择比自然选择发挥的作用更为强烈。

这里采用几个例子来阐释我的观点：对地位的竞争驱动着人类行为的许多成分，此种竞争始于童年，在成年期持续发展。我们培育出比天然植物体积更大的花朵、水果和蔬菜。我们建造出面积超出实际需要的房屋，以满足房屋提供的基本生活便利设施。此种炫耀性的消费如同狮子的鬃毛或孔雀的尾巴一般，是一种性魅力的展示。进化论的视角解释了我们为什么仅仅对诸多对象和行为的冰山一角进行精心制作和巧妙处理，而这些典型的对象和行为从本质上来说能够令人产生愉悦感。精心制作和巧妙处理产生的心理效果，是使人们愉悦万分，喜上加喜。因此，我们建造精致美丽的房屋、修缮别致瑰丽的大型花园、利用所收藏的物体彰显自身地位，展示出对我们祖先同样有益的身体技能。许多服装样式会放大或夸张胸部、臀部（女性）或肩膀和上臂力量（男性）的视觉效果。只有当使用产生强烈积极情绪的物体时，人们对地位的竞争才会取得成功；否则，根本没人在乎这场竞争。

性选择也可以解释为什么我们的花园、公园和其他绿地并不总是呈现出热带稀树草原的统一特征。我们经常改变这些场地的设置，以显示我们的力量、财富和地位。正如我们在第五章中所讨论的，欧洲文艺复兴时期的正规园林与热带稀树草原上的植被迥然不同。正规园林中的许多植被可以从园主家里的视角获得最佳的观赏效果，而不是像穿行于热带稀树草原一样观赏植被。精心修剪过的景观主要起到展示观赏的价值。只有富有而有权势的人才能够斥以巨资对园林进行修缮。

我们之所以沉迷于对诸多对象和行为进行精心制作和巧妙处理，并不完全归因于性选择。我们深深沉醉于壮丽奇幻的景色之中，如强风暴和崎岖的山脉。画家和摄影师夸大了美国西部地区的地形，对其赞美之情溢于言表，以说服国会在此处最为壮观的区域建立国家公园。持有"越大越好"这一观念的并非仅限于人类，比如说，成年鸣禽通过将食物带回巢穴的方式，回应处于嗷嗷待哺状态中的雏鸟。巢穴中那些——张开的小嘴显然是饥饿的雏鸟在等待喂食的表现。因此，当布谷鸟、燕八哥或其他孵育寄生鸟在体形较小的鸟类巢穴中孵蛋时，体积更大的蛋易于被孵化。更令人惊讶的是，母鸟热切地喂养外来入侵的雏鸟，即使它比自身繁衍的后代体积更大。

应用环境美学

环境保护运动主要关注的是人类对环境产生的影响，而不是环境对人类产生的影响。当然，我们确实对地球气候和碳、氮、磷的循环产生了深刻影响。我们正在大刀阔斧地修缮地球的景观地形，在世界各地传播致疾的生物有机体，导致许多动植物物种濒临灭绝。如同我们的远古祖先生活在东非一样，我们生活在一个荒地不断缩小、种植面积逐渐增加的星球上。我们对生物和自然环境产生的强烈的积极和消极情绪反应影响了我们对自然作出的反应，我们如何试图操控自然，我们为何保护自然。除了受到内在兴趣的驱使，理解人类对环境产生情绪反应的根源还有助于我们理解我们为何以现有方式操控自然，并对此提出相关建议，应该如何改善我们的所作所为。

进化心理学的见解表明，与环境产生相互作用既能满足情感需求，且比我们现在的多数行为造成的破坏性更为轻微。我们可以利用人类对不同事件和情境的情绪反应，来设计教育计划和响应环境政策，并创造性地将动植物运用于各种各样的治疗情境中。在环境心理学研究中，人们已经实施了极具前景的某些应用，以应对当前的诸多问题和挑战。

环境与认知

　　为了以恰当的方式应对环境挑战，我们的祖先必须接受纷繁多样化的信息，将新接收的信息与先前领会的信息作对比，并决定如何在新情况下采取行动。在错综复杂和不确定性的环境中工作有利于锻炼复杂的认知能力。我们大脑和复杂的自然环境之间的相互作用产生的结果是，置身于自然环境中实际上能够帮助我们条分缕析。当暴露在自然环境中，人们就会从注意力下降中恢复如初，精神振奋。导致此种结果的部分原因是诸如林地、草地和河岸等自然场所可以毫不费力地吸引人们的注意力，并让人们从高度持续的注意力中解脱出来，得以短暂休憩。户外活动已经证明，此类活动对患有注意力缺陷或多动障碍症（ADHD）的儿童，尤其是那些药物治疗无效的儿童大有助益。与在其他两个城市环境中步行 20 分钟后的结果相比，在公园里散步 20

分钟后，患有注意力缺陷多动障碍症的儿童呈现出更为集中的注意力。

当置身户外，徜徉于大自然中时，我们所感知到的愉悦情绪能够帮助我们唤醒记忆中的信息，并找到解决问题的创造性思路。置身于大自然中有助于我们从要求高度集中注意力的持续性工作任务中解脱出来，精神疲劳一扫而空，恢复元气满满的状态。压力降低了我们在各种高阶认知任务上的表现力，即使是短暂的接触自然也能够改善情绪、减轻压力，并在实验任务中取得更好的表现。无论受试者是否置身于实际的自然环境中抑或是仅仅看到展示的自然图片，都会产生此种效果。此种真实或虚拟地置身于自然世界之中以减轻压力的做法对工作空间、生活区和医疗设施的设计具有重要意义。建筑师和规划者们方才开始将这些间接融入到他们的构思蓝图之中。进化心理学的结果预测，比起置身于其他景观类型之中产生的效果，置身于类似热带稀树草原的自然环境之中的效果更佳，但这一预测尚未得到验证。

美学与环境教育

正如我们所看到的，情绪是人类作出决策的核心；在某种程度上，我们通过艺术传达和交流情感。这意味着教育者应该更充分地利用表演艺术，以告知观众关于环境保护的议题，并促进对话和激励行动。通过把科学、艺术和人文学科结合起来，人们可以设计各级保护教育和推广活动，以促进对自然和建筑环境的跨学科理解。对音乐和舞蹈的运用应加强学习和随后参与保护活动的积极性。聆听音乐有助于提高内啡肽水平、营造愉悦情绪，并激发学习动力。我们需要开展更多的研究，以确定积极和消极艺术体验的类型是否能够最有效地唤起与环境相关的人类行为变化，但此种行为变化对于提高环境教育效果的巨大潜力，我们已经了然于心。

环境、设计和恢复情绪

在过去的二十年里，从进化论视角对人类情绪的相关研究证明，情绪在精神病学、医学和营养学方面发挥着日益增效的作用。偏离我们祖先生存环境中的风景和饮食习惯通常会导致不良结果。与在手术恢复过程中无法看到自然景致或只可见抽象设计物体的患者相比，无论是置身于能够观赏自然植被风景的，抑或置身于具有潺潺流水自然景致的模拟景观的医院中的此种患者身体复原的速度更快，且更不易陷入焦虑情绪之中。如果花几个小时的时间置身于森林、公园和其他种植树木的场所之中，人们的免疫功能会得以增强。原因可能是植物释放出植物杀菌素和空气中的化学物质，以保护自身免受昆虫和其他食草动物的伤害并防止树木腐烂。

如果审美反应之所以发生演变，是因为它们能够帮助人们解决生活中的难题，那么置身于高质量的环境中应具有恢复性，应该可以减少紧张感和压力感。确实如此！上百项研究表明，野外娱乐带来的持续益处就是减轻压力。在城市公园和其他半自然景观环境里消磨时间也能够减轻压力。热带稀树草原假说预言，尤其是设置类似于热带稀树草原的环境，能够强烈激发人们的放松情绪和宁静平和感。当感觉到压力巨大或情绪抑郁时，大学生经常会寻求以丰富自然元素为主（树木繁茂的城市公园、提供自然景观的观赏场所、靠近水边的位置）的自然环境或城市环境作为休憩场所。然而，在当今社会，愈来愈多倍感压力的学生转向社交媒体寻求慰藉，放松身心，与朋友进行交流。从长远看，此种社交替代性活动产生的结果具有不确定性，但是，正如我已经阐述的，我们具有对特定的景观特征产生积极反应的神经回路；虚拟环境应该不如自然环境有效。在我们认为现实世界效果更佳的基础上，我们应该通过实验来测试人们对现实世界和虚拟世界产生反应的强度和特性。

设计环境保护政策

自 20 世纪 70 年代以来，美国政府已经研发出衡量人们对环境感知情绪的方式。决策者想要获知市民对此项目有何看法，如修建水坝或拓宽公路将对周围环境产生何种影响。采用调查和采访的方式，诸多机构试图评估人们对于野外和未受破坏的原始之地的重视程度以及他们是否愿意支付相关费用来建造、保存和维护这些地方。

一个很好的例子是，源于进化心理学的诸多概念以何种方式被用于协助管理公共土地上的美学资源。1993 年，美国林业局颁布了《701 号农业手册》，"景观美学：风景管理手册"。其目的是协助土地管理者实施"景观管理系统"，以改善游客的生理健康，作为"观赏**具有高度视野与自然空地的有趣宜人的自然景观**的重要副产物"。（文字加粗画线部分为原件强调的重中之重）这些建议的提出借鉴了对处于压力下、在医院中处于恢复期以及在娱乐场所和其他环境中人们的心理和生理学研究。这些研究表明，自然环境具有恢复属性。狄伯格、乌尔里希和西蒙斯的研究结果显示，当观看在空间上视野开阔的景观，而非空间受限的景观时，受试者的心率（每分钟心跳）呈现出降低趋势，这一点尤为重要。基于这些研究结果，农业手册建议对景观的吸引力进行评估，并通过改变模糊景致的植物、树木或建筑物，以提高景观的可视度。

人类与动物的联系

人类依靠动物，特别是哺乳动物，以获取食物、纤维和不可胜数的其他商品。我们深受大型哺乳动物所在景观的吸引。在非洲，人们狩猎的主要目标集中于五种大型动物（大象、犀牛、南非水牛、狮子和猎豹）。如我们所讨论的，人类具有对动物及其行踪极为敏锐的神经程序。当人们观察移动的动物群时，压力就会得以减轻。正如我们所料，养宠物可以激发人类的愉悦感。将动物视作同伴的现象可能在动物被驯化之前就已经开始了。精神病医师对动物可以帮助思维和身体康复一说深信不疑，但直到最近，我们依然只掌握一些奇闻轶事作为证据。如今，许多物种，从狗、兔子到马和美洲驼，都被用于治疗患有自闭症的儿童和患有头痛、视力受损和痴呆等慢性疾病的成年人。通常来说，面无表情和保持沉默的患者会微笑、大笑、与动物和动物看护者进行交谈。如果养有宠物或经常接触到作为同伴的动物，人们的言语能力、注意和非言语的情绪表达力都得以显著提升。为什么会出现此种情况呢？

我们祖先在狩猎和采集方面的成功取决于获取关于动

物在环境中所处位置的信息，并把这些信息传达给他人。他们试图从狩猎动物时的思考方式中受益。此种思考方式有助于理解并预测动物的行为。询问自己一些类似于"如果我是一只兔子，我会藏在哪里以躲避捕食者的追击呢"的问题会达到事半功倍的效果。这种从拟人论视角思考取得的成功，也许能够促进"动物真的会有意识地形成策略"这一猜想的形成。几千年来，这一精神思考惯式反过来，有利于图腾崇拜现象的发展，这也是对我们与动物亲属关系的正式承认方式。与动物的情感联系必然会发生演变。

疗愈花园

三千年前，在如今的伊拉克，人们试图使用园艺，将其作为情绪疗法。波斯人创造了花园，将美感、香氛、景致与潺潺流水声、鸟鸣、阴影相融合，以催发人们多重感官上的愉悦享受。1812 年，美国宾夕法尼亚大学医学与临床实践研究所的内科医生、教授本杰明·拉什指出，在多项活动之中，在花园里进行挖掘活动，有助于区分从躁狂症中痊愈的男性患者与尚未痊愈、依然深受病症折磨的男性患者。受到拉什的启发，许多公共和私人精神病院相继将园艺和农业活动纳入疗愈项目范围内。20 世纪 40 年代，美国退伍军人管

理局建立了医院，以照顾受伤的军人和女性。花园俱乐部和
园艺产业的人员携带花朵前往医院，并引入了以植物种植为
基础的相关疗愈活动。20世纪50年代，一位训练有素的精
神病学家爱丽丝·伯林盖姆，与来自国家农业园林局的志
愿者一起，创建了园艺疗法项目。此外，她还与他人合著了
第一本关于园艺疗法的书籍。

1973年，一批园艺治疗专家成立园艺治疗和康复委员
会。如今，我们称之为美国园艺治疗协会，此协会拥有近千
名会员，其中大多数是注册专业人士。现存有大量丰富的关
于描述园艺疗法带来认知、心理、社会和身体益处的文献，
这些文献支撑着他们的信念，即从事与植物相关的活动能促
进情感、精神和身体健康。该组织出版了《园艺治疗杂志》，
并支持各种各样相关活动的开展。

我们正处于倒退的途中

尽管人们天生热爱大自然，爱德华·威尔逊称之为"亲
生命性"。这些情绪，如同许多其他进化特征一样，除非在
幼年时培养，否则无法发展。我们可以通过直接、间接和替
代三种途径与自然产生接触。迄今为止，直接经验是促进儿
童的认知发展和激发其对自然的感受最重要的途径，因为与

其他两种模式相比，它针对问题解决作出反应的范围更为广泛。然而，在如今的美国，大多数儿童与自然的互动都是通过推特、油管和其他电子媒体视讯实现的，他们患上了影像亲近症。这种与自然消极互动的久坐习惯和独处形式影响了认知发展，导致儿童肥胖，并增加了儿童的孤寂感和抑郁情绪。我们需要想方设法让年轻人们融入大自然。加利福尼亚州伯克利市的一名记者理查德·勒夫开展了一项名为"没有儿童闷在家里"的活动，为我们指明了方向。勒夫确认了一个严重精神问题的存在，即"大自然缺失症"，这一症状使大多数儿童备受折磨。

四五岁的玛雅儿童熟知一百多种植物，但美国郊区的儿童能叫出名字的植物却寥寥无几。位于芝加哥郊区伊利诺斯州埃文斯顿的西北大学的学生曾听闻过一些当地的树木名称（桦树、雪松、栗树、无花果树、山核桃、枫树、橡树、松树以及云杉），但熟知诸如赤杨、七叶树、椴树、花楸树、枫香树和郁金香树等在埃文斯顿地区广泛种植树木的人还不到半数。缺乏对特定物种详细知识和直接资料的了解会导致物种附加意义的丧失。我们将此种过程称之为退化过程。

随着现代科技社会的发展，人们对自然知识的极度匮乏，由此进一步导致欣赏力的严重丧失，预示着我们不会竭尽全力为保护地球的生物多样性付出努力。间接的自然体验无法产生与生存共存的情绪。对于激发人们关心生物多样性，投入时间和金钱保护自然环境而言，这一情绪是十分必要的。人们无法对毫无了解的生物产生共情和哀悼情绪。我们不能寄希望于从未体验过自然的人欣赏自然，并愿意付出努力来保护自然。

人类的更新世思想在当今世界上
依然发挥着作用

通常来说，我们适应热带草原的生态意识在现代工业化、城市化社会中依然发挥着作用。我们之所以深受热带植被和树木的吸引，是因为这些植被和树木与那些在非洲热带稀树草原上中占据主导地位的高质量植被和树木十分相似。如今，我们依然对这一观点深信不疑。我们设计的公园和花园以及通过模仿远古祖先家园而创建的艺术大大丰富了我们的生活。我们对音乐的热爱激发了人类创造力，呈现出精彩绝伦的表现形式。在诸多人类文化中，制作和聆听音乐能够为人们的生活带来巨大的愉悦感。有时，我们会沉迷于所收集的物体，但总的来说，对物体进行收集和分类是愉悦感的源泉，而不是问题的来源。

不幸的是，受到热带稀树草原上植被影响的喜爱倾向确实给当代人们带来了问题。我们对食物的嗜好激发了烹饪丰富多样菜肴的兴趣。饮食不仅使我们倍感愉悦，还能够维持身体的正常机能运转。但人类对糖的渴望让食品产业得以大赚一笔的同时，也使我们变得越来越肥胖，随时有患上 2 型糖尿病的风险。在人类历史的大部分时间里，人类无法控制自身对富有营养的稀少资源正常而根深蒂固的渴望。

我们的自主神经系统回路发生演变，能够对过去的相关刺激（蛇、危险的食草动物，以及大型食肉哺乳动物），而不是对如今造成更大威胁的刺激（枪械、电线、超速行驶的汽车）作出强烈反应。我们应该对枪支、飞速行驶的汽车、不系安全带危险驾驶以及靠近浴缸的吹风机心怀恐惧，而不是对蛇和蜘蛛避之唯恐不及。公共人员尝试使用统计数据和令人震惊的照片，以点燃公民中的恐惧情绪，但此种尝试经常以失败告终。父母会采取责骂孩子的方式，以阻止孩子玩火柴或在街上追着球乱跑；但当芝加哥的儿童被问到他们最害怕的动物时，他们会提及狮子、老虎和蛇。我们发现，抑制此种恐惧十分困难。人类无法通过有意识地提醒自己，例如，大多数蛇实际上是无害的来减少恐惧心理。

我们无法对当今环境中真正危险的物体和情境产生恐惧反应这一事实，会引发诸多严重的社会问题。由于我们根本意识不到，在拥挤的道路上高速驾驶机动车有多么危险，我们在高速公路上危险驾驶，互拼车速飞速狂奔。各种类型的武器，从手枪到核弹，很少能够唤起与其真正危险程度相匹配的恐惧感。狩猎的刺激，再加上现代火器的威力，很容易导致人类大肆杀害野生动物的行为和高谋杀率。

未能纠正此种明显的错误认知，即我们最为恐惧的东西和最易致命的东西之间的关系，其后果十分严重。想要处理诸如高事故率、肥胖及与之相关的 2 型糖尿病的流行现象，我们必须首先认识到它们是生物学上的问题。这意味着，我们无法一蹴而就，立即提出解决方案，因为驱动这些问题的欲望十分强烈。我们不能全然依赖于研究，也无法立即提出导致问题缩小或消失的良方妙招。诚然，为了协助我们作出更好的决定，加强公共教育在某种程度上有所助益，但效果并不显著。唉，伴随日益增长的肥胖率而来的只有令人眼花缭乱的关于如何节食的书籍。

显然，我们选择采用的激励措施不足以完成任务。限速降低了事故发生率，但从心理上来说，我们并不害怕驾车飞驰，甚至无所畏惧。我们之所以实行减速，是因为害怕被逮捕，而不是因为害怕发生事故。当我们认为能够侥幸避开事故时，我们更乐于超速驾驶，何乐而不为呢？为了管理和控制受热带稀树草原环境影响的人类思维意识，制定规章制度是不可或缺的一环。此外，我们还需要设计和采用诸多直接影响我们情绪或者阻止我们向情绪屈服的相关措施。

比如说，为了和肥胖作斗争，我们可以颁布法律来保护儿童的身体健康。按照要求，父母必须让他们的孩子入学、注射疫苗，并让他们系上安全带。严禁他们购买酒精或香烟。过去，2型糖尿病被称之为"成人发病"，但如今，随着儿童肥胖率的增加，其发病率也在迅速上升。为什么不阻止他们在学校里接触不健康剂量的含糖饮料呢？我们可以禁止在学校里摄入不健康的食物，并要求学校提供日常体育教育，然而令人遗憾的是，在许多学区，日常体育教育都已经被淘汰出局。我们可以要求在市场上大量销售的垃圾食品供应商给这些食品贴上显著的健康警示标签。想要减少此种根深蒂固的生物学上的问题产生的负面影响十分困难，但我们深知，不解决这些问题将造成更为严重的后果。更新世时期的幽灵在人类的精神世界中游离，既对我们大有裨益，又有所损害。

环境美学与进步

我们比以往任何时候都更了解世界是如何运作的、我们的知识库以指数形式增长这一事实。不幸的是，此种信息积累并不能使我们变得更为理智。正如爱德华·威尔逊所言，我们沉溺于信息洪流之中，却对智慧渴求不已。对环境美学产生的结果加以运用，可以增添人类的福祉，但伦理和政治进程也可能远远落后。历史告诉我们，知识发挥的主要作用在于权力的增长膨胀，但知识对理性或道德影响甚微，人类的情绪和需求处于基本保持不变的状态之中。我们的祖先在更新世时作出的主要决策，让如今的我们深感苦恼；然而，进化心理学提高了我们的自我认知，这可能是人类灵感的来源之一。

进化论视角提供了一个丰富有益的观点，即成为地球上的人类意味着什么。追随查尔斯·达尔文的研究踪迹，针对如何看待地球上的生命、生命起源以及与我们共享小星球的数以百万计的物种是如何形成的诸多问题，我们发展出新的视角。此外，进化生物学也为我们解答了世界各地人们争先恐后提出的深层次问题。我们究竟是谁？我们从哪里来？我们又要去往何处？现阶段，我们采用进化论视角，对热带稀树草原上生存的远古祖先面临的挑战，他们如何通过进化来应对这些挑战，以及为什么他们作出的反应会在现代人思想中留下重要的烙印等问题进行创造性思考。我们理解为什么人类具有美的意识和敬畏的感觉以及为什么情绪能够驱动我们作出相关决定。

我们要学习的东西远不止于此，但是我们可以确定一点，即从进化论的视角进行研究，将继续产生崭新有趣的结果，洞察人类与所生存复杂环境的互动关系。最让人深感宽慰的好消息是，我们喜欢做的大多数事情，只要参与其中，对人类就大有裨益。进化论折射出的事实告诉我们为什么会产生此种结果。只有诸如象和猿等少数动物能够在镜子里认出自己。在很长一段时间内，人类沉浸于自我反省之中，但如果我们肯花时间去观察，就会对热带稀树草原上类人猿的本性产生更为深刻的认识。

如果仔细观察进化这面镜子折射出的斑斓影像，我们可以看到一个博兰猎人在用吹口哨的方式呼唤向蜜鸟，一棵枝叶繁茂的金合欢树在地面上投下遮蔽午后阳光的绿荫，我们恍然一瞥，侦测到一条巨蟒躲在草丛之中。我们既可以认识到当前自身的存在，也能够认识到热带稀树草原环境所提供的挑战和机遇对人类的塑造作用。这实在是一个令人欣慰的愿景。我们可以，也应该还有愉悦的心情去思考这件令人鼓舞的事情，即将人类自身视作 40 亿年来地球上生命演变的一部分。

致

谢

多年来，我一直致力于从进化论的视角思考和研究人类对环境成分的情绪反应根源。有幸，朱迪·黑尔瓦根的见解和建议使我受益匪浅。我们在环境美学方面的合作已有二十多年，在此学科领域亦合著了几篇论文。她的影响贯穿于本书始末。我载于 1980 年第一篇关于环境美学的文章是受邀于琼·洛克德，为其所著关于人类进化一书中某一章节的产物。撰写这篇文章激发了我继续探索人类对环境反应的进化根源的欲望。先是莱昂内尔·泰格，接着是来自哈里·弗兰克·古根海姆基金会的一名项目官员，敦促我继续探索这一主题。基金会为我们在肯尼亚的初步研究提供了一笔小额赠

274

款。在开展此研究的过程中，我的妻子贝蒂一直是我忠实的伙伴。她拿着卷尺、记录数据，拍摄树木的照片，并时刻保持警惕，注意狮子和蛇的出没，即使在矮草地上也很难侦测到这些动物的踪迹。在我们调查日本和欧洲的规则式园林时，即便此处并无捕食者，她依然有条不紊地着手开展这些工作。

我很幸运能够从许多同事的深刻见解和建议中获益匪浅。以下这些同事：约翰·阿尔科克、大卫·巴拉什、乔治·布伦格曼、加德纳·布朗、艾略特·布伦威茨、约瑟夫·卡罗尔、苏·克里斯蒂安、理查德·科斯、艾米丽·杜利特、约翰·爱德华兹、阿恩·欧曼、艾瑞克·宾卡、保罗·罗津、威廉·瑟西、特勒·斯洛格斯沃尔、埃里克·奥尔登·史密斯和罗伯特·索默，都为本书中各个章节的撰写提供了大有价值的建议。我的责编安·唐纳－哈泽尔极具天赋，他游刃有余地对我的文章进行处理，使其更为生动活泼，而不至于落入冗长之嫌。此外，我要特别感谢丽达·科斯米德、埃里克·迪纳斯坦和玛丽安·科歌昂，他们通篇阅读了整个手稿，并提供了丰富的具有洞察力的评论。按照惯例，他们对本书中的某些误差或不恰当的结论和阐释不承担任何责任。